U0917358

金银花价值泛论

胡玉峰◎编著

陕西出版传媒集团
三秦出版社

图书在版编目(CIP)数据

金银花价值泛论 / 胡玉峰编著. — 西安 : 三秦出版社, 2014.12

ISBN 978-7-5518-0952-8

Ⅰ. ①金… Ⅱ. ①胡… Ⅲ. ①忍冬—普及读物 Ⅳ. ①S567.7-49

中国版本图书馆 CIP 数据核字（2014）第 281158 号

金银花价值泛论

胡玉峰 编著

出 版 者 陕西出版传媒集团 三秦出版社
陕西新华发行集团有限责任公司
社 址 西安北大街 147 号
电 话 （029）87205121
邮政编码 710003
印 刷 陕西群艺印务有限责任公司
开 本 889mm×1194mm
印 张 8.25
插 页 4
字 数 188 千字
版 次 2014 年 12 月第 1 版
2014 年 12 月第 1 次印刷
印 数 1-3000
标准书号 ISBN 978-7-5518-0952-8
定 价 38.00 元

网 址 http://www.sqcbs.cn

黄白相映　成双配对

胡涛◎摄

红里透白　芬芳清香

胡涛◎摄

招蜂引蝶　花蜜甜润

胡涛◎摄

金花银朵　香气袭人　胡涛◎摄

繁花似锦　铺天盖地　胡涛◎摄

攀缘绿架　美化环境

胡涛◎摄

树桩盆景　四季观赏

胡涛◎摄

横空出世
浆果如珠

胡涛◎摄

前　言

金银花，人们对它并不陌生，大都知道是一味普通的中药，可防治感冒发热、头痛脑热等病症。许许多多的人，在其一生中也不知多少次服用过以金银花为主的感冒退热药，诸如“银翘解毒丸（片）”、“金银花冲剂”等，名目繁多，比比皆是。一般情况下，吃了就见效，又无副作用。中草药嘛，价格便宜，块儿八角的就能治好病，习以为常了，谁也不认为它有什么了不起。

因此，从古至今，在中国人的脑海里，普普通通的金银花，就像人们伤风感冒一样，极其平常，谁也没把它当回事。真乃如古诗所云：“世俗不知爱，弃置在空谷。”

风云莫测，农历癸未年的春天，中华大地突降“非典”灾难，世界各国无不为之骇然。在这举国上下全民防治“传染性非典型肺炎”的生死斗争中，金银花，这个普通的土草药，一时间，名声大振，响彻中华，中医药也因此而火爆异常，由于防治药方大都以金银花为主药，中药材市场全线告急，供不应求，价格连连攀升，由平常年份每公斤二三十元，几天工夫就涨至二三百元乃至四五百元。金银花其身价雀跃，真的贵如金银、名副其实了。国人也不得不对它刮目相看，倍感珍贵了。

SARS 过后，时隔六七年，时至农历己丑年岁末，另一种病毒甲型 H1N1 流感疫情却在全球蔓延，自然也波及台湾、香港及内地一些省市，国家卫生部及相关省市立即启动突发公共卫生事件处置机制，在中医防治过程中，金银花又一次充当了中药治防的主角，如“金花清感方”、“连花清瘟胶囊”，无不以古方“银翘散”为基础，再增补麻杏石甘汤的成分，以达到辛凉透表、清热解毒之效。不过这一次金银花的价格，并没有暴涨，依然保持在每公斤四五百元左右的价位上，平稳至今。

对于这种情况以及相应的市场趋势，许多人责难是商家炒作之过。笔者则认为，虽不排除有这方面的商业因素，但它绝不是主流原因。问题的本质，最根本的原因还得从金银花这味中药材的功用性能及历史渊源上去寻找答案。历史上，中华民族就是在中医药的呵护下繁衍生息、茁壮成长的。历朝历代的国医大家们都把金银花作为防治热毒性传染病的“杀手锏”，它不仅能“解瘟疫秽恶浊邪”（王秉衡），而且还是“久服轻身长年延寿”之药（李时珍）。故此，当“非典”灾难突如其来之际，医药界、广大民众呼唤它、急用它、求救于它。它也当之无愧，确实具备这种功能疗效。如此这般的金银花怎能不“应运而升”、“普救大众”呢！俗语说，“要得知道，就得经过一遭”。这也难怪，曾几何时，连中医药都要废除，又何谈一种草药呢。现在明白了，急需了，成为救命草了，随着中医药的大发展，金银花身贵价高自在情理之中。

几经劫难，人们记住了金银花的名字，对它有一种患难相知的亲切感。总结这场斗争以及历史上的经验教训，牢固树立忧患意识，提高对金银花的认识，珍惜它，重视它，研究它，种植它，就显得十分必要了。为此，本书就带您走近金银花，了解金银花，应用金银花，种植金银花。城镇的人们有兴趣就在庭院或阳台上栽几株，绿化环境、益寿延年。农民朋友要想发家致富，较大面积种植金银花也是不错的选择。时下有个口号：种植十亩金银花，一年一辆桑塔纳。还有民谣云：盘活金银花，富民强国家。

本书着力于中华中医药文化的普及宣传，但更为注重的是人们的养生实用价值，古今验方汇集、高产栽培技术以及市场推广趋势与途径，适于较为广泛地读者需求。作者冀望读者“开卷有益”，祝愿“藏书有值”。

需要说明的是，书中所有验方药剂，读者应用时要与中医大夫沟通，切莫盲目服用。而且因个人体质不同，阴阳虚实有别，时空季节变化不一，故千万不可照抄搬用，更不能简单地肯定或否定。一定要以人为本，以个体情况为准，体验适时、适量、适合自己的方剂、方法和途径。走出自己最佳的养生路线图。

书中一定有错误和疏漏之处，敬请读者朋友指正，以便有可能修正补充，使其较为完善一些。

编著者

2013 年 10 月 25 日

目　录

上篇　价值论

下篇　栽培说

附录·后记

上篇 价值论

第一章　赏花悦目

长久以来，人们对金银花的了解和认识，大都停留在一种普通的中草药的概念上，至于其枝、叶、花、果、藤的观赏价值很少有人深入细致的观赏研究。这大概是药用花蕾、不待花开必摘之故吧！其实金银花香、果实黑红、枝叶常绿、藤攀龙绕，都是别有风趣，极具观赏价值的花卉植物。

第一节 漫话花名

金银花名称繁多,据初步统计约有35种以上之称谓,分为植物名、药材名、商品名以及地方名、混合名,近年来还培育出金银花观赏新品种,赋予新名。

有其名,必有其因。可以说每一药名的命名都是对药物的某种特性或特征的高度概括。明代医药学家卢子頤云:“古人命名立言,虽极微一物,亦有至理存焉”。故而考问一下花名絮语,容知识性、趣味性于一体,漫游在花名之中,岂不快乐哉。

一、植物名、学名

在《辞海》、《辞源》的解释中,都把金银花列在“忍冬”条目中。

据《辞海》释名:金银花,植物名,忍冬科,蔓性小灌木,叶卵形,全边,对生,凌冬不枯,故名忍冬。初夏,梢上叶腋,开长筒状合瓣花,最初色白,后变淡黄,花冠唇形,五裂,不整齐,有佳香,花后结实,圆形黑色,大如豆粒。叶及花之干者,皆供药用。名见于“本草”,又有金银藤、金钗股、鸳鸯藤、通灵草药名。其花名金银花。

《辞源》释为药草名。藤生,凌冬不凋,故名忍冬。三四月开花,气甚氛芳。初开蕊瓣俱白色,经二三日变黄,新旧相参,黄白相映,故又名金银花。

二、药材商品正名与异名

《中华人民共和国药典》2000年版法定的药材商品名为:

忍冬科忍冬属植物的干燥花蕾或带初开的花，商品称金银花。即为药材的正名。

上海科学技术出版社出版的《中药大辞典》认为，中国最早记载本名的药学专书是南宋时期的《履巉岩本草》，此后，明代李时珍的《本草纲目》表明药物所用的金银花为植物忍冬的花。至明末时期，张介宾的《景岳全书》云，金银花，一名忍冬。即以金银花为正名，忍冬为别名了。

清代、民国及现代医药书籍的商品药材多采用金银花名称，已公认为该药材的正名，故1995年版、2000年版都将金银花录入《中国药典》应用至今。

金银花的异名有：

1. 忍冬花(《唐本草》);2. 银花(《温病条例》);

3. 鹭鸶花(《植物名实图考》);4. 苏花(《药材资料汇编》);

5. 金花(《江苏植物志》);6. 金藤花(《河北药材》);

7. 双花(《中药材手册》);8. 双苞花(《浙江民间草药》);

9. 二花(《陕西中药志》);10. 二宝花(《江苏验方草药选编》)。

此外，还有一些地方性俗名，在少数地区也作金银花入药。如土银花(山银花)、腺叶忍冬、毛花柱忍冬、细胞忍冬(岩银花)、肚子银花、光冠银花等。

三、别称

金银花的别称有鸳鸯花、金钗股、老翁须、茶叶花、通灵草等。这些名称大都是人们根据金银花的生性特征，长期观察而想象得出的。如鸳鸯花，是人们看到金银花的叶片对生、花朵对开、果实对长，都是双双对对，相依相傍，活生生似水中鸳鸯鸟结伴而游，不离不弃。联想人间男女情爱，静观相伴鸳鸯，再赏金银花开，成双成对，黄白相映，香浓似蜜，岂不爱之美哉！

金钗股，此名称最早见于宋代的《苏沈良方》，后又是明末清初思想家王夫子的诗名，专门歌颂金银花的，其型似妇女头戴金钗。

老翁须之称，说的是成簇连片的金银花含苞初放时银白如老人的白须一般，甚而其花蕊雌雄均伸出花筒，更是白须般般。

所谓通灵草，据《土宿本草》解释，是因为金银花全草取其汁可伏硫制汞之故。

茶叶花者，乃指人们常用金银花泡茶饮。

金银花还有一些独特地方的或民族的名称，因语言或方言的不同而产生一些不同的独特名称。如一些地区把金银花称为努间努碾、吊坡胶姿；还有叫做抛捏、婵人防、勤人墙、美亲晒、琴严扁。

侗族把金银花称为胶都颠，布依称为羔热马耨，瑶族称为善然效，蒙古族名称则为阿拉塔蒙根其格格。

（《中药传说》，赵霞、罗兴洪主编，人民卫生出版社，2013 年 5 月第 1 版）

又据王艳宏等主编的《雷公炮制药性解》详注介绍，金银花的别名还有金针、银针、金银针、机怡琥（白族）、吊坡（侗族）、挖金恩（瑶族）、奴要公（水族）、普西尼（傈僳族）。

四、混异名

金银花除了正名的商品药材名及异名、别称外、还有一些混合异名。如小叶金银花、红腺忍冬、淡红忍冬、大花忍冬、解大花忍冬、长花忍冬、硬毛忍冬、网脉叶忍冬、马氏忍冬等等。

五、杂交新种（观赏型）

金红久忍冬，学名 Lomcerahec – Krotti

花冠外面玫红色，内面黄色，具香味。浆果红色。该品种是近年来培植的新种。主要用于花卉、果实的观赏。

意大利培育的金银花观赏品种有金脉品种（cu · Aureo - reticulata）、金叶品种（cu · Variegata）、紫叶品种（cu · purpurea）等。

第二节 倾听花语

花语，乃是关于花之语言文化生活。花木与人一样，有生命，有性格，有灵气，也有自己的情怀。“草木亦非无情物”（边芹）；“草木有本心，何求美人折”（唐 · 张九龄《感遇》）这都告诫我们，自然的生命，花木的生命，亦是我们人类的生命，我们与植物世界唇齿相依。这需要我们人类感悟、认知、交流。人有悟性，花有花语，佛说万物皆有情。人类过去那种无视自然生命强取豪夺草木自然资源的时代应该结束了，应该彻底觉醒了。

进入新世纪以来，西方文化中关于生态理论愈来愈引起全球的关注。翻开仔细看看，啊！似曾相识，原来他们强调的自然权利与我们中华文化中儒、释、道三家学说中的“天人合一”、“万物平等”的思想是相同、相通的。足见千古一理、万理相通。“东方有圣人，西方有圣人”。千百年来，圣哲们一直在唤醒人们尊重自然、尊重草木万物的生命，把这一切视为人类伦理道德的基石，一定要与她们平等相处，持续发展，共生共荣。可惜，不仅西方人犯了错误，我国同样也是在高速发展经济中重蹈西方的覆辙，让生态环境付出着沉重的代价。现在，真的到了我们自己不得不潜心倾听花草树木乃至整个自然界独具魅力的心灵之语的时候了。这些草木本心爱语，只要我们感悟得到，就能拯救我们人类迷惘的心灵。

具体说来，所谓花语虽然仍是人类的语言感悟，但这是一种纯情的花木本心的感悟，系以花或草、木、叶、果为核心，表达一种约定俗成并为社会活动所接受的语言。花语的特点是含蓄而不神秘，艳丽而不庸俗，来源于生活，根植于泥土山川，是人文自然生活的瑰宝。正如英国一位学者所言："花语是一个国家文化悠久、文明昌盛的标志。"

在我国，金银花的花语一是吉祥如意，二是真诚的爱、爱的锁链和爱的羁绊。

在民间，一些地区的民众，相送金银花卉，寓意有金有银，财源不断。

在我国佛教装饰物中，忍冬（金银花）图案多有展现，人们观之，就知道是取其"益寿"的吉祥涵义。近年在甘肃省护国寺发现一块深埋地下的石碑，其文字非古非今、非汉非蒙非藏非满，经考古和文字专家研究鉴定，乃为我国西夏文字，石碑为西夏王李乾顺之梁太后所立，碑上刻有"天佑民安"之年号，碑上的图案为忍冬花纹。从而可看出，建立西夏王朝的党项族对忍冬是多么的崇敬和热爱，用其图案装饰石碑，寓意自然非常深远，佑其民族长久吉祥平安。

在我国古代一些陶、瓷花瓶上，也常把金银花作为装饰图案，寓意自然也是吉祥安康了。

在爱情花语的语境中，金银花称为"求爱花"。花语是"全心全意奉献我的爱"。因此恋人相赠金银花，表示真诚的爱。

人们给新婚夫妇赠送金银花，或婚礼或节假日，都是祝福他们爱情婚姻情意绵绵，幸福美满。

用金银花装饰婚礼庆典，它会象征爱情的纯洁与坚贞。

夫妻互送或共同栽培金银花，寓意感情甜蜜，恩爱缠绵。

总之，国人从金银花“凌冬不凋”的顽强生命力中以及金银花的花、果、叶的成双成对中感悟到其爱之至深，其性之坚强，其品之吉祥。

在亚洲各国，特别是韩国、日本、新加坡等国家或地区，金银花的花语也是吉祥如意。亲朋好友赠送金银花，寓意是赠金送银，祝愿生活幸福美满。

在欧美等国家，金银花的花语就像这些民族的性格一样的直白：深切而专一的爱。

同时，在世界各地还形成了以金银花相配而成的“组合花语”。譬如：表示爱情与婚恋时，金银花配上玫瑰、红菊。寓意我对你的爱永远不变，也可用玫瑰、合欢、石榴与金银花相配，意为爱而婚、婚而谐、谐而孕、子绕膝。

表示希望与祝愿时，金银花配一束槟榔、百合花赠送友人，友人就会领悟到这是祝福他们鸳鸯成对、百年好合、白头偕老。

表示赞美与感叹，金银花配以睡莲、红茶花赠给你心想感动的人，对方就会心有灵犀而领悟你的赞美心声：纯洁的女孩，你如此天生丽质，乃是我今生的希望。

在欧美一些国家，人们不仅是赠花，而更为普遍地是自己赏花、嗅香、自我感受，沉浸在幸福的花语境界之中。如观赏金银花、报春花、柠檬花等，自然使自己感悟到今天所以幸福是因为爱的温柔、深切与专一。

故而得知，花语者乃实为人之精神修养达到悟道之境也。人只有悟出天地之道，花木之情，才能自觉地效法天地自然花木万物而为之。老子曰：“人法地，地法天，天法道，道法自然。”又如《易经》所云：“天行健，君子以自强不息；地势坤，君子以厚德载物。”孔子更是具体地感悟道：“岁寒，然后知松柏之后凋也。”(《论语·子罕》)。

倾听花语吧！人之养生之必需也。

另外,在我国的谜语文化中,关于中药金银花的谜语有四则：

1. 苦熬三九。打一植物名(忍冬)

2. 浪费钱财。猜一中药名(金银花)

3. 世界上最名贵的花。打一中草药名(金银花)

4. 冰山雪莲。打一中草药名(忍冬花)

第三节　诗情花意

古今中外,但凡名花异卉,常有文人骚客赏析之。或咏花言志,或借花抒情,或托花喻人。这许许多多地诗歌名句,大都具有情景交融、形神兼备的浓郁神韵,诗情花意,耐人琢磨、寻味、神往。

咏金银花

天地絪蕴夏日长,金银两宝结鸳鸯。
山盟不以风霜改,处处同心岁岁香。

这是一首很古老的关于金银花的花诗,留传至今,作者却已佚名了。也有人说这是一首民谣。其实这都不影响诗的本意。大体看来,这首七言绝句还是比较通俗易懂的。作者意在告知我们,天地间的精华之气孕育出金银花,花在长长的夏日适时展放,其金银两色的花朵如珍宝,又似水中鸳鸯鸟。他们海誓山盟,不畏风霜,痴心不改,共度时艰。故而心心相印,岁月留香。应当说，这是人世间男女爱情诗歌的绝唱。从金银花的植物本性特征分析，比喻贴切，寓意深刻，发人深省，启迪爱情及人生。

赏鸳鸯草

北宋·宋祁

翠花对生，甚似匹鸟。
逼而视之，势如偕娇。

宋人这首四言绝句，仅十六个字，就描绘出翠绿色、含苞待放的金银花的花骨朵，犹如双飞的翡翠鸟。再近而观赏，势态真如情侣双娇。为此，他还赞叹曰："鸳鸯草，春叶晚生，甚稚花在叶中，两两相向，如飞鸟对翔。"

同封仲坚采鹭鸶因而成咏寄家弟诫之

金代·段克己

有藤名鹭鸶，天生匪人育。
金花间银蕊，翠蔓自成簇。
褰裳涉春溪，采之渐盈掬。
药物时所需，非为事口腹。
牛溲与马勃，良医犹并蓄。
况此香色奇，两通鼻与目。
尤喜疗疮痈，先贤讲之熟。
世俗不知爱，弃置在空谷。
作诗与题评，使异凡草木。

段克己是我国南宋时期金国的进士、文学家，他与友人亲自采摘金银花并作诗赞美金银花，抨击世俗对待此物的不公。

将诗作寄给其弟段克成,希望他引以为戒,并广而告之。

这首五言律诗以记事与评论的风格,先点名这种藤蔓植物别名鹭鸶,其特殊之处是天然野生,非人为养育栽培之物。其花的特征就是“金花间银蕊”,两两相辉映。藤蔓是翠绿的,自然簇生成团成堆。观赏到此,诗人还是情不自禁,立即撩衣挽袖走到沟旁采摘起来,不知不觉就两手采满花朵。记事到了这时,诗人就开始了评说,告诉人们这是一种应时所需的药物,并非为口福饱肚。一般来说,牛溲与马勃这种药材,好的医生都会蓄存以备清热、解毒之用。但对于色美香奇、能通鼻目、更能疗疮痛的金银花,却无人问津。尽管先贤仁人反复著书立说,多有教诲,但世俗的人们依然将此物置荒山野谷之中。为此诗人愤愤不平,今日采摘并作诗评说,旨在为名叫鹭鸶的这种药花鸣不平。期望大众重视这个不平凡的花木。

其弟段克成收到长兄寄来的诗作,颇受感动,当即同韵写了首《和鹭鸶藤诗》,诗中也发出“遗落榛莽间,采撷谁见蓄”的感慨,但更赞叹“幽花发溪侧,香味浓可掬”。并进而肯定金银花的声名一定会“耀崖谷,闪金光。”他坚信金银花“遇合良有时”,一定会受到人们的青睐和喜爱。果然,诗传出“好事者将知其贵矣”。

药性歌·金银花

明·龚延贤

金银花甘,疗痈无对。

未成则散,已成则溃。

作者为明代著明宫廷御医,其名著为《寿世保元》,号称“医林状元”。其中这首药歌,突出药性,说明金银花味甘性寒,乃是清热解毒治疗痈痛第一药，故曰“疗痈无对”。对其痈的成与未成虽然均可治疗，但要因人因病情而论了。诗歌只是强调药性特征和治疗方向而已。

金 银 花

清·杜咏

声名非足美，嗅味独堪亲。
心苟能无欲，花原不累贫。
芬芳聊永日，黄白定通神。
试煮贪泉酒，知难而性真。

这首别具风趣的五言律诗，告诫观赏金银花的人，首先要端正心态，千万不可因其花名上“金”、“银”二字而滋生荣华富贵的慕情，一定要心平气和静静地嗅嗅花的清香气味，由衷地产生对花亲近喜爱的心情。诗人还告诉赏花者，赏花要心底纯正无私念，因为花心本是朴实无邪，不牵连贫富的。花的芬芳和神韵，全靠赏花者真心实意的去感悟，去领略，从而达到与花心灵相通，天长地久。若只图贪功趋利而以为钱财可以通神，那就永远与花的本性失之交臂。而真君子的本性也绝不会因贪泉而有所改变。

金 钗 股

清·王夫之

金虎胎含素，黄银瑞出云。
参差随意染，深浅一香熏。
雾鬓欲难整，烟鬟翠不分。
无惭高士韵，赖有暗香闻。

金钗股,细长肥嫩的花朵也。《辞海》解释为:“金钗股即忍冬。”

王夫之者,船山先生也。清初人,思想家。曾在湖南省衡阳石船山筑土室,题曰观生居。这首金钗股,大概就是其观生作品之一吧!正因为此诗,金银花也就更扬名金钗股了。

律诗八句中,每句一重点,第一句观花蕾,第二句看花开,第三句绘花色,第四句嗅花香,第五句视藤茎,第六句望簇蔓,第七句赞花韵,第八句破主题。

诗人观花蕾在日光下透出鱼肚白,股股挺拔,嫩绿肥美,含苞待放,恰似贵妇头戴的金簪一般,美不胜收。朵朵花儿怒放,黄、白两色相映,似有瑞气升腾,祥云而出。高高低低,层层尽染。浓浓淡淡,香气如薰。再看其藤蔓枝条盘屈牵挂,犹如妇人耳边侧发,倾斜而难齐整。远望绿叶清枝簇团相连,翠绿一片,就像妇女那烟云般的发卷。金银花啊!无愧于高雅之士的神韵,这全靠自己幽香袭人、施舍恩蕙的本性。

金 银 花

清·蔡淳

金银赚尽世人忙,花发金银满架香。

蜂蝶纷纷成队过,始知物态也炎凉。

清人这首七言绝句,通过对金银花生命历程的观察,一方面赞叹、感激其清香四溢、令人喜爱、神往;另一方面更加感悟到自然界的物态与人世间的世态,都是一样的冷暖炎凉,概莫能外。正如司马迁在《史记·货殖列传》中所云:“天下熙熙,皆为利来;天下壤壤,皆为利往。”人,真能让利天下,则可天长地久矣!

最后，让我们再吟诵几首当代人编写的关于金银花的佳作吧！

金　银　花

赵昌治

柔蔓伸张过断垣，艳阳明快赶婵媛。
芬芬馥馥理还乱，花气穿空天地宽。

诗人高屋建瓴、大气磅礴，赞美金银花藤蔓柔美奔放，腾空越墙；其花朵娇雅清明比似明月亮光；香气更为浓烈，令人迷乱神往；气贯长虹，顶天立地，心旷神怡，天生安详。诗人通过对金银花柔美物态的描述与比喻，嘱咐人们感悟生命，柔静祥和养生，大气自然生活，心宽体健，悠然自乐，度过和谐美好的人生。

密　蒙　花

张虹

性味微寒淡，清炎退热干。
昏花多泪液，障翳可消炎。

金　银　花

张虹

银花善解毒热邪，秽恶浊邪瘟疫驱。
疔疡痈疮疗疥癣，消炎散肿淋皆需。
消炎抗菌为广谱，乳腺发炎肿痛祛。
热痢赤白煎水饮，梅毒淋病恶瘤拘。

百草诗情——金银花

张虹

药用欣赏两兼之，忍冬耐贫品德奇。
淮南飘雪依然翠，华北酷寒半凋枝。
藤蔓春来卵叶绿，白花变黄放香时。
味甘性寒解毒热，祛病饮茶老少宜。

（《趣话中药》，张虹主编，人民军医出版社，2012 年 9 月第 1 版）

第四节　花事轶闻

金银花因其历史悠久、誉满中华，不仅诗情花语颇盛，轶闻故事也挺多，还有神话传说。版本虽不同，但故事情节却是大同小异，还特具地方色彩，读起来有趣味，感动人，发人深省。可以看出，中华民族祖祖辈辈对金银花的厚爱和寄托，她是我们民族繁衍生息不可或缺的珍品药物之一，情深意浓，故事多多。

一、药王初识金银花

药王者，孙思邈也，隋唐时期著名的医药学家，因医术高明、广济众生、论著超群，被唐太宗封为药王。现在陕西省铜川市耀州区药王山有孙思邈纪念馆以及中医药养生院。他的巨著《千金要方》《千金翼方》是我国现存最早的医学百科全书，对我国及亚洲一些国家医药学的发展产生过巨大而深远的影响。南怀瑾先生曾倡议将这两本书“列入国人必读”。因为它不仅是医药治病之书，还“涉及了庭院的设计、药草的种植，都与健康、医学有关，它将医学融化在日常生活中，真是一部妙作”。

但是，就是这位药王，相传在其医药生涯起初也并不认识金银花。一天，他游走在乡间，口有点渴，就向正在场地上晒花草的两位姑娘讨口水喝。两位姑娘是对亲生姐妹，待人热情，常常舍水送茶。姐姐金花从后山采回金灿灿的花朵泡了一碗“金花茶”，妹妹在前山采回银闪闪的花朵泡了一碗“银花茶”，孙思邈喝了一口金花茶，又饮了一口银花茶，觉得味道清爽甘美，两碗茶水一饮而尽，高兴地说：“这两种花有止渴散热之功，可以入药！”姐妹俩听了笑得合不拢嘴，连忙告诉先生说：“这是一种花，初开白色，盛开时黄色。名叫金银花。”孙思邈听后非常高兴，立即记录下来，后来就在其《千金要方》中写道：“忍冬，味甘，温，无毒。主寒热身肿。久服轻身，长年益寿。”并以金银花为主，配伍甘草、生地、桔梗，创立了甘鲜方剂，以治疗风寒感冒病症。唐代《新修本草》对金银花的形态、药性已有较详细的记载。

二、银花解毒救僧人

宋朝张邦基的《墨庄漫录》中记载有这样一个故事。在宋徽宗年间，朝廷中蔡京、高俅之流专权，刀兵四起，祸患无穷，天灾不断，就连苏州一带的和尚也只能靠挖野菜度日。据传平江府天平山白云寺有几位和尚，在山间采了一些蕈子，便煮熟吃下，谁知到后半夜，几个和尚都呕吐不止。紧急之时就把山上的“鸳鸯草”生吃下去，过一会儿呕吐就止住了，几位身感平安无事了。可是有两个和尚嫌味苦难食，不愿服用，终于呕吐不止而死亡。

鸳鸯草就是金银花，也即《本草》中的忍冬，可以清热解毒。

这在《苏沈良方》中有说明，解释较详。南宋时期文学家洪迈在其所著的《夷坚志》中亦有记述："中野菌毒，急乎鸳鸯草啖之，即今忍冬草也。"

三、丁香河畔颂"二花"

丁香河是否在川藏交界地区，人们都不大清楚。只知相传在丁香河畔，住了一对孪生姐妹，姐姐叫金花，妹妹叫银花。一天黄昏，姐妹俩见河对岸有一瘦弱女子被狼追赶，就急忙过河解救。可她们急赶上时这位名叫卓玛的女子已被狼咬伤，而且伤势很重，周身发热，生命垂危。为了抢救卓玛，金花立即带上干粮上山去找药，不幸途中遇难。银花为继承姐姐遗愿，决心救活卓玛，又上山采药。经过千辛万苦，终于把治病的药找到了，使其精心服用，治好了卓玛的病。但银花却因此而劳累过度，身染重病，匆匆离开了人间。卓玛十分悲痛，为感激姐妹俩的救命之恩，传颂她们的感人事迹，就将她们合葬于丁香河畔。但后来却发现在姐妹俩的坟墓上长出了每年夏日开花，一蒂两花，先白后黄、交相辉映的藤本植物，还能治病救人。为纪念俩姐妹，人们就把这种植物唤之为"金银花"。

四、民间女医金银花

相传很久以前，有一地区的村庄瘟疫流引，患者上吐下泻，死亡的人很多。村里有位女医生名叫金银花，便将祖传秘方献出，为乡民们送药医病，广救四方百姓，瘟疫很快地得到控制，民心安定，大家都非常感激金银花医生，从此她的名声远扬。传到官府，有个地方官很羡慕金银花的才貌双全，就派下人前往说亲，金银花拒绝后，这个地方官就扬言抢亲。金银花心里早有准备，她对狗官平日仗势欺凌百姓、横行乡里，早已痛恨不已，今日岂能与贼同流合污。因此，当地方官抢亲之时，金银花便一头撞死在石柱上。人们掩埋了她，却发现在她的坟上后来长出了许多黄白相间的花朵，鲜艳秀丽，清香扑鼻。人们都知道，这是金银花医生变的，便以她的名字作为这种花的花名，以表示深深的纪念。

五、金银花的神仙故事

《医药养生保健报》2002 年 11 月 4 日刊登了渝兵的文章，全文如下：

金银花的藤、叶、花均可入药，被冠于清热解毒中药之首，对许多种病菌、病毒有抑制作用，可谓中药里的广谱抗生素。同时，金银花也是中医治疗痢疾的主要药物。关于金银花的由来，还有一段有趣的传说。

很久以前，栾川一带（大概是河南省伏牛山地区）痢疾大流行，因得不到及时有效治疗，死者多得不计其数。当地有个财主便趁机开了个药铺，雇了几个药工，高价卖药，牟取暴利，害得老百姓叫苦连天，怨声载道。

一日，不知从何处来了两个孪生姐妹，长得天仙一般。姐姐金花，发髻上别一枝闪亮亮的金簪；妹妹银花，发髻上戴一枝明亮亮的银簪。一夜间，她俩就在山坡上建起一座小竹楼以及一道篱笆小院，院里长着青枝绿蔓的花草，吸引乡亲们围在院外观看。姐妹俩连忙招手让大家进屋，并说明她们是以医为生，欢迎大伙前来就诊。说来也奇，那些捂着肚子来就诊的人，经俩姐妹治疗，采摘院中的鲜花熬汤液，让患者服下，一个个病全好了。一时间，俩姐妹的名声传扬千万里，就诊者从四面八方前来看病，每天络绎不绝。

财主一心想趁机发大财，却因此而药卖不出去，气得暴跳如雷，声嘶力竭，扬言要抢走姐妹俩，火烧小竹楼，毁掉篱笆院。可是，当财主及其打手赶来时，竹楼里卷出团团浓雾，遮得天昏地暗，等雾气消散后，人们发现姐妹俩已无影无踪，只有那些花草还在争奇斗艳地盛开着。大家看到藤蔓上的金色银色小花，颇似金花和银花俩姐妹头上戴的簪子。心里明白她们就是姐妹俩变成的。

财主阴谋未能得逞，气得七窍生烟，命令手下人将花草全部拔掉剁碎。这时突然天空刮起大风，将零碎的花草枝蔓抛向高空，洒向山川大地。紧接着雷电交加，大雨如注，浇得财主和随从抱头鼠窜。可这些花草却落地生根、爬满山冈，生机勃勃，开出白黄花朵。人们说这就是金花和银花的化身，于是取名“金银花”。

六、金银花的传说

《家庭保健报》2009 年 7 月 9 日载文如下：

古时候，一个村子里有一对善良的夫妻，妻子怀了双胞胎，生下一对可爱的女儿，一个叫金花，一个叫银花。她俩长得如花似玉，聪明伶俐，父母疼爱，邻居、乡亲们也非常喜欢这对姐妹。

两姐妹到了十八岁，求亲的人络绎不绝，几乎踏破门槛。可姐妹俩谁也不愿意出嫁，生怕从此分离。她俩私下发誓：“生愿同床，死愿同葬。”父母也拿她俩没办法。

谁知好景不长，忽然有一天，金花得了病，这病来势又凶又急，浑身发热，起红斑，卧床不起。请来医生给她看病，医生惊叹地说：“哎呀！这是热毒症，无药可医，只有等死了。”银花听说姐姐的病没法治，整天守着姐姐，哭得死去活来。

金花对银花说：“离我远一点吧，这病会传染人。”

银花说:“我恨不得替姐姐得病受苦,还怕什么传染不传染啊!”

金花说:“反正我活不成了,妹妹还得活呀!”

银花说:“姐姐怎么忘记啦?咱们有誓言在先:生同床,死同葬。姐姐如有个好歹,我绝不一个人活着。”

没过几天,金花的病更重了,银花也卧床不起了。她俩对爹妈说:“我们死后,要变成专门治热毒症的药草。不能再让得这种病的人像我们似的干等死了。”

她俩死后,乡亲们帮着其父母把她俩葬在一个坟里。

来年春天,百草发芽。可这座坟上却什么草也不长。单单生出一棵绿叶的小藤。三年过去,这小藤长得十分茂盛。到了夏天开花时,先白后黄,黄白相间。人们都很奇怪,认为黄的就是金花,那白的是银花。想起俩姐妹临终前的话,就采花入药,用来治热毒症,果然见效。从此,人们就把这种藤上的花称为“金银花”。

(原注:金银花为忍冬科多年生半常绿缠绕性木质藤本植物忍冬的花蕾。我国南北各地均有分布。夏初当花含苞未放时采摘,阴干,炒用或制成露剂使用,具有清热解毒、疏散风热的功效,常用于外感风热或温病初起;疮、痈、疔肿;热毒泻痢等。常用量为10-15克。)

七、任冬和银花的故事

很久以前,在河南省巩县、密县、登封三县交界的五指岭山腰里,住着一个姓金的采药老汉。他和山下一位姓任的老中医合伙,在山下开了一家中药铺。

金老汉老伴已经去世,眼前只有一个女儿,叫银花,生得聪明秀丽,从小就跟着爹爹上山采药,再由她每天把采到的中药送到山下的药铺里去卖。任老医生也是个淳厚善良之人,又有一手高明的医术。他一面操持药铺，一面给人看病，还经常免费舍药给村里穷苦人看病，故深受大伙儿的尊敬。

任老医生跟前也只有一个儿子，因是冬天生的，故名叫任冬。小伙子勤劳勇敢又淳朴聪明，从小跟着父亲学习医术，15岁时又去登封少林寺习过武。可以说，是个文武双全的好后生。由于两家交往密切，任冬和银花从小就非常要好，长大后由两小无猜变成一对恋人。两家的老人也看出了两个年轻人的心事，就给他们订了终身。从此两家关系更密切了。

却说，在他们居住的这个五指岭上，有一种金藤花的名贵药草，能解邪热、除瘟疫。一天，金老汉和女儿银花正在山上采药，突然，乌云翻滚，狂风大作，吹得五指岭上飞沙走石，叫人睁不开眼睛。接着，黑云中出现一个怪物，伸出魔爪将银花一把抢走，一时间就不知去向了。

原来，这是一个名叫瘟神的妖怪，它本是北海边的黑熊精所变。这瘟神不知从哪儿听到，说是从五指岭上的一百株金藤花上采摘一百斤花苞，用一百斤天河水，煎熬一百个日夜，就可以熬成膏丹，服了这些膏丹就可以长生不老。所以这瘟神就跑到五指岭来，想采花制丹。这天，瘟神听小喽啰禀报说山下有两人来采摘金藤花，瘟神便发怒了，他想占山为王，不许任何人来采摘金藤花。可等他出洞来到山上一察看，却看见一个老汉带着一个美丽的姑娘。瘟神顿起歹意，便祭起狂风，喷出黑雾，掀起飞沙走石，乘金老汉和银花不备，一下将银花抢走。

金老汉忽然不见了女儿，只看见一股妖风盘旋而去，心里猜想女儿定是被妖风卷走，就拼了老命地在妖风后面追赶。追啊追啊，一直追到一条黑黝黝的深谷，也没找到女儿，却只见一阵瘴气迎面扑来，老汉顿觉头晕目眩，胸闷想吐，不觉昏倒在地。待他醒来，已是临暮时分。金老汉见深谷中根本没有女儿踪影，只好摸索着回家，并寄希望于女儿也许没事，早已回家等他去了。

瘟神把银花抢到洞中，就威逼她成亲，但银花宁死不从。后来，瘟神用尽了各种手段，见实在无法制服银花，就令小喽啰给银花戴上铁锁链，囚进一个石牢里。

这瘟神还有个恶习，就是每日里吞云吐雾，散发瘴气，传播瘟疫。自打他来到五指岭后，五指岭一带的老百姓染上疫病的便越来越多。

再说在山下开药铺兼治病的任老先生，发现近来病人陡然增多，并且害的都是很厉害的瘟疫，就觉得情况有点不妙。加上一连好几天不见金家父女下山来送药，不知是怎么回事，实在放心不下，就嘱咐儿子说："冬儿，咱们这儿患瘟疫病的人越来越多了，要给乡亲们治好瘟疫，必得用金藤花。你即刻上山去找你金大伯和银花妹妹，一是看看他们父女可好，我怪不放心的；二是帮着多采些金藤花回来。"

任冬听了此话，马上挎上朴刀直奔五指岭来。任冬来到金大伯家，只见那匹白玉飞龙马拴在后院里吃草，却不见银花和金大伯。原来，这几天金老汉每天都是一大早就起来赶上五指岭去寻找女儿。任冬猜想父女俩一定上山去了，便也马上进山寻找。可奇怪的是，在平日父女俩常去采药的地方，怎么也找不到金家父女。任冬不死心，他翻过一架又一架的山梁，蹚过一条又一条的溪流，穿过一条又一条的深谷，终于找到了金大伯，不过，金大伯这时正躺在草地上，人已昏迷不醒。任冬急忙上前呼唤，过了好一会儿，金老汉才睁开眼睛，清醒过来了。他见是任冬来了，忙拉着他的手急切地说："冬儿，五指岭来了瘟神，抢走了你的银花妹妹，你一定要设法除掉瘟神，救出银花啊。"

任冬急忙把金大伯背回家中，请父亲照看，自己马上返身回到五指岭。他心中发誓一定要除掉瘟神，救出银花妹妹。

任冬来到黑黝黝的深谷，只见路越走越陡，山谷越来越深。突然，他看见峭壁上出现一个黑雾罩的洞口，里面隐隐约约传来女子的哭声。仔细一听，正是银花的声音。任冬抓住崖壁上的藤条，攀上了洞口，到洞里看到了被囚禁的银花。他砸开石牢门，只见银花妹妹满脸泪痕，面容憔悴地躺在潮湿肮脏的石板上，便立即跑过去，抱住银花说："银花妹妹，我救你来了。"同时，他为银花砸开锁链，抹去泪痕，并还要说什么，银花急忙摆手不让他多说，拉上任冬就赶忙往洞外跑。两人出了洞，顺着青藤溜下谷底，涉过山涧，爬过了座座山梁，终于回到了银花家。

这时，银花才喘了口气，急忙对任冬说："冬哥，我爹呢？"任冬告诉他金大伯在他家治病，银花放了心。银花又着急地说："冬哥，我在洞中听瘟神说，他要散布瘟疫，让千家万户都染上瘟疫病，这样他就可以长期霸占一方，胡作非为了。"任冬点点头说："我爹正为此事犯愁呢。可又没法子治他。"银花说："任冬哥，我曾听见洞中的小喽啰说，他们的大王本领大，瘟病一般人治不了。要治瘟病除非金藤花。要想拿住他们大王，除了药王谁也没办法呢。"任冬想到金大伯和银花妹被瘟神欺侮，更想到那些被瘟疫缠身的乡亲们，他发誓要除掉瘟神，解救他们。想到这儿，他便问银花可知道药王住在哪里，银花说，听老辈人说药王住在蓬莱仙岛的灵芝洞里。

任冬说一声"咱们这就去找药王"，便立即去后院牵出那匹白玉飞龙马。他们两人刚刚骑上，那马就一声嘶鸣直奔蓬莱仙岛而去。任冬和银花刚要走近蓬莱仙岛，突然间只见黑云翻滚，狂风大作。银花一看这情形跟上次一样，心里明白这是瘟神追来了,急忙对任冬说:“任冬哥,瘟神追来了,怎么办?”任冬果断地说:“银花,我留下挡住她,你一个人去请药王。快去!”说完就跳下马背。银花怎么放心得下,也勒住马要留下。任冬说:“银花,瘟神马上就到了,再说咱俩骑一匹马也跑不快。如果我不留下来抵挡瘟神,只怕咱俩都走不掉。请不来药王,怎么降服瘟神,拯救乡亲们呢?”任冬说罢,就朝马屁股上猛抽一鞭,只见那马带着银花闪电一般地飞驰而去。

银花刚走,瘟神就驾着黑云赶来了。瘟神对着任冬冷笑:“哈哈,你这小子狗胆包天,想让药王来治我,今日落在我手中,看你还往哪儿跑!”说着从黑云中伸出魔爪,要抓住任冬。任冬一见仇人怒从心头起,举起随身带的朴刀就向瘟神砍去。瘟神想不到任冬竟敢与他对战,也就降下云头,急忙招架。二人恶战一场。瘟神善弄魔法,个头又黑又大,任冬虽然会些武艺,但也难抵妖法,奋战了十几个回合,终于被瘟神拿住了。瘟神逼问银花下落,任冬当然是至死不说。瘟神无奈,只好暂且把任冬押回五指岭的石洞中。

再说银花骑着白玉飞龙马,日夜兼程,翻过了九十九座山,涉过了九十九道川,历尽千辛万苦,终于来到蓬莱仙岛的灵芝洞前。见了药王,银花把事情的前后经过讲了一遍,最后请求药王去制服瘟神,为五指岭的百姓除害。药王见银花年纪这么小,却如此勇敢,且有爱民之心,就满口答应了银花的请求,同时从他身边挂的葫芦里倒出两粒仙丹,说:“银花姑娘,你辛苦了,先吃了这个解解乏吧。”银花服了仙丹,顿觉饥饿疲劳全部消失,精神立即焕发起来。接着,药王牵出梅花鹿,带着沉香龙头拐杖、药葫芦和白玉杯,然后让银花骑上白玉飞龙马,用那根龙头拐杖在马肚子下面画了个“八卦”,接着往马背上猛击一掌,只见一道金光一闪,那白玉飞龙马立刻腾空而起,驾上一朵祥云，紧跟着药王的梅花鹿，一起向五指岭奔去。

药王和银花一到五指岭，瘟神就知道大事不好。它先把受尽折磨、宁死不屈的任冬推下背影潭里，然后张开血盆大口，要把五指岭所有的金藤花都吞进肚子里去。正在这时，药王和银花赶到。只见药王手起杖落，打得瘟神连声惨叫，急忙驾起一团黑云，往西南方向逃去。药王急忙追上，瘟神被打得连连求饶，却又一边继续往西南逃跑。据说，乘药王一个疏忽，还是让瘟神逃走了，以至于在一段时期仍继续危害西南山区的人们。

再说任冬被瘟神推进背影潭淹死了，但他的尸体就是不往下沉，总是直立在水中，乡亲们发现之后，便把他的尸体打捞上岸，葬在燕儿坡前。

银花回到家中，父亲已经死去，任老医生也因思儿心切去世了，后来，她又听说连最后一个亲人任冬哥也已被瘟神害死，不禁悲愤交加，痛不欲生。她来到父亲和任老伯坟前祭拜，之后，又来到燕儿坡任冬的坟前。她一见任冬哥的坟墓，想到不久前两人分手时的情景，忍不住痛哭起来。哭啊、哭啊，止不住泪水如同串串珍珠滴洒在任冬的坟冢上，意想不到的是坟上顿时长出了一丛丛茂密的金藤花蔓。可是银花一点也没觉察到。她太悲痛了，只是痛哭不已，眼泪哭干了，哭出了滴滴鲜血。殷红的鲜血洒在金藤花蔓上，藤蔓上就开出了金灿灿的花朵。到后来，银花实在太悲痛了，便一头碰死在任冬坟前的岩石上。

乡亲们听到银花惨死的消息，无不万分悲痛。大家把她和任冬合葬在一起。合葬刚刚完毕，一个奇迹突然出现了。乡亲们看见整个五指岭漫山遍野都开满了金藤花。花儿金灿灿、银闪闪、一簇簇、一丛丛，光彩夺目，如云似霞。接着，当地凡是患了瘟疫病的人，喝了金藤花茶，立刻都痊愈了。

等到药王从追赶瘟神的千里之外返回五指岭，听到银花已死去的消息，非常惋惜地来到五指岭上，看到满地盛开的金藤花，对乡亲们说："这些花是任冬和银花的化身啊！"说着，他拿出白玉杯，倒上一杯水，把两朵金藤花放进杯内。只见那两朵花在杯中游弋不定。药王把杯子端到乡亲们面前说："看，两朵花儿在抖动，是因为两个年轻人还放心不下啊！"说完就对着玉杯念了几句，告知说五指岭的乡亲们病都治好了。杯中的花朵立刻安定地直立于杯中。

后来，人们为了纪念任冬和银花这两个为人民献身的年轻人，就把金藤花叫做"任冬花"和"金银花"，又叫做"忍冬"。为祝愿银花和任冬永远成双成对，也有人把这种花叫做"鸳鸯藤"或"双花"。

说也奇怪，直到如今，其他地方产的金银花泡在水中都是浮躺在水面上的，只有巩密关燕儿坡前产的金银花，泡在杯中是花身直立而不会下沉，据说这是药王亲口封过的。

（《品花有道》，陆晓播编著，蓝天出版社 2010 年 10 月第 1 版）

第五节　金银花香

这是刊登在《科学养生》杂志 2010 年 8 月号上的一篇养生随笔。作者钟芳，我虽不认识，但美文却引起我的共鸣，似曾相识心相通也。其文，文风质朴，优雅动人，情真意切，心归自然，真乃是践行赏花养生的好文章。因而全文录之。目的有二：一则可作为范文仅供赏析或参考；二则可证明本章的文字内容是真实、真诚、可信、可行的。只要躬亲而为者，赏花悦目，平和养生，必能心宽体健，延年益寿。

金银花香

一个风和日丽的周末,我行走在郊外的田野。清爽的空气中突然袭来阵阵淡雅的芳香,收紧脚步,深深地吸了一口,馨香越发清新浓郁,刹那间,整个身心仿佛浸染在清香四溢的海洋里,我情不自禁地陶醉在这不期而遇的花香里。

寻香觅去,哇!只见一簇簇绿挂疏篱,黄白相映的金银花呈现在眼前。那洁白如银的花蕊,都争先恐后的将小屁股翘起,从花苞缝隙间哗啦哗啦地探出了头,挤挤挨挨地撒在浓绿中,微风吹来,宛如无数的白蝴蝶飞舞着,很是好看,馥郁的香味也恣意奔涌着,向四面八方流淌……

“金银花的花状如针,丛生蔓上作龙爪。初开时,针头裂瓣为二,长短各一,若放大之,似玉簪花之半股,其形茂奇。”这是著名作家张恨水在他的作品中这样描绘的。金银花为多年生半常绿藤本植物,株长可达十多米,茎部中空,藤茎互相缭绕,紧紧相抱;叶片椭圆对生,上面附着一层细细的白色绒毛;它的花常成双配对地从腋间生出,花冠筒状,二瓣一大一小,新旧参差,初开时色白,经二三日则变黄,形成一金一银的韵味。我记得有首民歌是这样唱道:“天地氤氲夏日长,金银二宝结鸳鸯,山盟不以风霜改,处处同心岁岁香。”以花抒情,把金银花比为形影不离的伴侣,真美呀!我也祝愿天下所有人的爱情皆如金银花心心相印,痴心不改。

金银花可以入药,父亲是个老中医,曾经在院子里栽了棵从邻居家的母株上移过来的金银花。记忆中,那株花枝枝蔓蔓牵扯着,几乎成了环绕房屋的一道绿色屏障。每到花开时节,全村人都能闻到那淡雅而迷离的芳香,它给温馨的小院带来生气,也让我幼小的心灵进入安宁的境界里。

对金银花我有很特殊的感情,儿时的我体质不佳,常感冒，嗓子疼痛，父亲便摘了些金银花，连同枝蔓叶片一起晾干，用开水冲泡，给我当茶喝着，不曾想功效显著，火辣辣的喉咙疼痛当即有所缓解，接着喝了几次，感冒奇迹般的好了。缠着问父亲，他笑着说金银花本身就是一种很好的药材，有清热解毒的功效。从此我便对靠沁人的香气来博得人们青睐的它刮目相看，心生敬意。

细叶抽轻翠，浅花逸淡香。每到金银花盛开的季节，缕缕幽香便在空气中弥漫开来，沁人心脾，让我陶醉其中。我爱她，爱她的醉人芳香；爱她的淡泊情怀；更爱她朝气蓬勃顽强的生命力。

第二章　药品性能

上一章,我们初步了解了金银花作为花卉植物的一些特征,算是初识其面,新交朋友。若要深入交往,比较全面了解它,就必须认识金银花作为药用植物的特性功能、药物原理、功用主治、用法用量、经方验方等等。

懂得这些知识,并不是要求读者向中医药专业人员方向发展,而是普通大众在日常生活中保健养生的需要。我们不是常挂在口头的一句话:最好的医生是自己。认真思量这句话的含义,应有两方面的意义及其作为才是真理,才是正确的。一是自我心理上的修养和坚持。常常保持心态平衡,“和喜怒而安居处”;还要和大自然保持平衡,“顺四时而适寒暑”;“节阴阳而调刚柔”。(《黄帝内经·灵枢篇·本神》)。二是在自我感觉不适时要学会运用中医药知识进行调理自身。现实生活中,许多人不是死于疾病,而是死于对极为普通的中医药文化知识的无知,或者上当受骗,或者昏昏度日。只有自己掌握了这些药物知识,根据自身体质来调理身心状况,才能真正达到健康长寿的目的。

第一节　药材·产地

金银花药材，一般为其干燥的花蕾，呈长棒状，略弯曲，长约2～3厘米，上部较粗直径约1.5～3毫米。优质者呈绿色或黄绿色，普通者外表黄色或黄褐色，被有短柔毛及腺毛。基部绿色细小的花萼，5裂，裂片三角形，无毛。剖开花蕾，则见5枚雄蕊及一枚雌蕊。花冠唇形，雌雄蕊呈须状伸出。气芳香，味微苦。以花未开放、色泽绿、肥大者为佳。

金银花药材在我国大部分地区均有出产，而以山东产量最大，河南产的质量较佳，也有书籍评说山东临沂产的金银花最好。再按具体地区分，产河南淮庆者为淮密，色黄色，软糯而净，朵粗长，有细毛者为最佳。禹州产者曰禹密，花朵较小，无细毛，易于变色，亦佳。济南出产者为济银，色深黄，朵碎者次。亳州出者，朵小性粳，更次。据《增订伪药条辨》一书指出："湖北、广东出者，色黄黑，梗多屑重，气味俱浊，不堪入药。"

此外，下列同属忍冬科植物的花蕾在少数地区亦作金银花入药。

1. 山银花，又称土银花。其主要特色为萼管被柔毛，子房有毛。产广东、广西、云南等地。

2. 腺叶忍冬，小枝有明显短柔毛；叶纸质，下面网脉微隆起。产湖南、广东、广西等地。

3. 毛花柱忍冬，花柱或多或少有毛。产广西。

4. 细苞忍冬，又称岩银花。叶下而密被白色短柔毛。小枝顶端生总状花序；花较长；苞片锥形，香气较弱。产四川、云南、广西、湖南等地。

5. 肚子银花，老叶下面光滑无毛。花成对生于叶腑，同时具顶生总状花序；花较短，紫红色，香气甚微，产四川、陕西秦岭、巴山。

6. 光冠银花，及小叶金银花。产西藏。

第二节 性味·功效

金银花在中药四气（寒、热、温、凉）中偏凉属寒。寒、凉之间有程度之不同，但都属于阴性。中药的气即药性。因此金银花的药性属寒凉性药物。寒而不遏，凉不伤中，能攻善补，药中之宝也。

药性的寒、热、温、凉，是从药物作用于人体发生的反应而逐渐总结归纳而成。例如，生了疔疮、热疖、局部红肿疼痛，甚至小便色黄、舌苔发黄，或有发热，这些热的症状说明人体已中了热毒或火毒，这时用金银花、菊花来治疗，就可得到治愈。从而证明金银花、菊花是寒凉性的。中医药学理论认为："疗寒以热药，疗热以寒药"。寒凉之药多具有清热，泻火、解毒等作用，其性多沉而降，常用于阳症、热症，而病属虚寒者慎用。

关于金银花的药性上面介绍的是寒性偏凉，这无疑是正确的。但还有一种观点也值得重视。孙思邈在其《千金方》中载明："忍冬，味甘，温，无毒。"李时珍在《本草纲目》中也认为忍冬"[气味]甘、温、无毒。"主张金银花性温的观点应该说也不错。因为这方面尚无严格的区分标准，大都是针对病症的寒热相对而言的。特别是一些药性较为平和的药物，说寒而偏凉，说温而也凉，要把这些气性归属于寒、凉或温，都无不可。金银花的药性自属平性意义的特征，再加上其味，其色的综合作用，药性就显示了温柔平和、无毒有益的特质。这是需要应用者以及医师们对症下药时细心体察,审慎把玩的。简单、机械地理解药性则于事无补。

再者,有新的研究指出,山银花(灰毡毛忍冬、红腺忍冬、黄褐毛忍冬)的药性为热性;细毡毛忍冬、谈红忍冬,皱叶忍冬的药性,具有温热药物的特征。只有所谓的正品金银花的药性为寒性(《金银花研究应用新进展》)。笔者认为,这虽是一家之言,但也值得重视,需要进一步深入研究,逐步在医药界取得共识。

一般而言,因产地环境差别比较大,不同地区出产的金银花在药性上表现出差异是很正常的,但这种差异是一般性的还是带有本质性的区别,甚至完全相反,这就要慎重研究分析对待了。笔者相信,国家医药管理部门会认真对待这方面存在的分歧,在争议探讨中求得真理,统一认识,出台符合中国实际的药材标准及其药性识别标识。

金银花在中药五味(辛、甘、酸、苦、咸)中为甘味。一般来说,味甘者能补、能和,多用于治疗虚症。但比起甘味来,金银花的苦味还是较浓的,而味苦能泻、能燥,多用于治疗热症或湿症。所以说辨证论治、个体为主是中医药的核心,机械照搬书本和前人经验是违背中医药文化思想的。例如,同样是甘味药,因气之不同,其作用就大不相同,黄芪甘温,可以补气,金银花虽甘,但却偏凉、寒,就能解毒、清热。尤其是有些药物具有两种味、两种色,更要全面认识其气味色泽,结合自己的体质需求,适时适量应用,才能达到养生或治病的目的。

从金银花的气寒凉微温、味甘微苦、色白且黄来分析,按照五行之原理,该味药与五脏的关系是:白色入肺,甘味、黄色入脾,苦味入心。金银花自然入肺、胃、心、脾四经。也就是说,这四脏正是金银花的归经之至、药效所在：甘寒质轻、张清透风、气味清香、辟秽解毒。

金银花的功用效果，概括各家的论述主要是两个方面。首先，最主要的功用就是清热解毒、散风清肿。其次，它还有生津止渴、消夏解暑的功效。主治温病发热，热毒血痢，痈疡，肿毒，瘰疬，痔漏。说通俗一些，我们日常的风热感冒、咽喉肿痛、肺炎、痢疾、痈肿疮痛、丹毒以及蜂窝组织发炎等症，都在金银花主治之列。在医药界，自古以来，金银花就有疮家圣药之称。

具体到历代各家的论述，虽大同，但也有小异，值得仔细分析，精准把量，从其小异中看到特长，也许有其独到的见地，悟出真谛。

1.《名医别录》：忍冬，味甘温，无毒，列上品，主治寒热身肿。

2.《本草拾遗》：忍冬，主热毒血痢、小痢。

3.《滇南本草》："金银花，味苦，性寒，解诸疮，痈疽发背，无名毒肿，丹瘤，瘰疬。"

4.《生草药性备要》："能消痈疽疔毒，止痢疾，洗疳疮，去皮肤血热。"

5. 李时珍《本草纲目》：治诸肿毒，痈疽，疥癣，杨梅，诸恶疮，散热解毒。

6. 王秉衡《重庆堂随笔》："清络中风火湿热，解瘟疫秽恶浊邪，息肝胆浮越风阳，治痉厥癫痫诸症。"

7.《本草备要》："养血止渴，治疥癣。"

8.《本草通玄》："金银花，主胀满下痢，消痈散毒，补虚疗风。世人但知其消毒之功，昧其胀利风虚之用，余于诸症中用之，屡屡见效。"

9.《本草正》："金银花，善于化毒，故治痈瘟、肿毒、疮癣、杨梅、风湿诸毒，诚为要药。毒未成者能散，毒已成者能溃，但其性缓，用须倍加，或用酒煮服，或捣汁搀酒顿饮，或研烂拌酒厚敷。若治瘰疬上部气分诸毒，用一两许时常煎服极效。”

10.《本经逢原》：“金银花，解毒去脓，泻中有补，痈疽溃后之圣药。但气虚脓清，食少便泻者勿用。痘疮倒陷不起，用此根长流水煎浴，以痘光壮为效，此即水扬汤变法。”

11. 广州部队《常用中草药手册》：“清热解毒。治外感风热咳嗽，肠炎，菌痢，麻疹，腮腺炎，败血症，疮疖肿毒，阑尾炎，外伤感染，小儿痱毒。制成凉茶，可预防中暑、感冒及肠道传染病。”

12. 国医大师朱良春在中国首届金银花节暨金银花高峰论坛召开之际的题词中，以民歌诗语的形式，畅快、精炼地道出了金银花药性功能的真铨：

金银双花，药中之宝。
能攻善补，清热效高。
痈疮肿毒，复杯即瘥。
鲁中名药，名扬四海。

朱先生者，江苏镇江人，1917 年出生于丹徒县儒里镇，乃我国南宋时期大儒理学家朱熹第 29 代裔孙，继承祖先“善恶分明”的传统，投身医学济世的历史长河。自 1956 年至 1984 年长期任南通市中医医院院长，1987 年获国务院授予“杰出高级专家”称号，暂缓退休，2010 年被评为首届国医大师。朱先生 2011 年题词时年纪已达“九五至尊”，久经沧桑的人生阅历和其中医药学著述被誉为“当代内经”、“当代本草”的声誉，均可说明先生对金银花的品评是多么的持重简明，精辟深远。可佩可敬,令人神往矣!

13. 中国工程院院士、中国中医科学院院长、天津中医药大学校长孙伯礼认为:**“金银花是一味重要的中药,其性甘寒,归心、肺、胃诸经。具有清热解毒,疏风散热之功效,多用于外感风寒、温病初起。热毒赤痢、痈肿疔疮诸证。自古称为痈疮之要药。尤其是在重大疫情出现时候,金银花更是发挥了重要作用,它是值得深入研究开发的一味宝贵中药资源。”**

14.《中华人民共和国药典》2010 年版关于金银花、山银花性味、功效的论述,是完全一致的:

[**性味与归经**]甘,寒。归肺、心、胃经。

[**功能与主治**]清热解毒,疏散风热。用于痈肿疔疮,喉痹,丹毒,热毒血痢,风热感冒,温病发热。

至于金银花和山银花在植物资源、形态色泽、化学成分的自然变异性的区别,可以说药性根本未变,但又各具特色了。不能因此而人为的自我地划分正品和非正品。正品者,按“药典”规定质量符合其标准产品。非正品者即副品、负品、反品、歪品也。故所谓“正品”之说,既偏离了“药典”的正确论述,又对整个金银花产业发展无积极意义。

第三节　用法·用量

金银花的药用方法和用量,分为内服和外用两种。并且还有四种炮制方法。

内服,一般都是煎汤,用量 3 – 5 钱;或者入丸、散、片、胶囊。现代计量为 6 – 15 克,大剂量可用至 30 克。

外用,一般是研末调敷,或煎水外洗,或鲜品捣敷。

金银花有四种炮制方法，以适应治疗病症之需。

1. **生药**，即一般称为净银花。就是筛去泥沙，拣净杂质，晾干或烘干而药用。

常用于温病初起，发热微恶风寒、口微渴等症状，以发挥其清热解毒、疏风解表的作用。对于痈疽疔毒、红肿疼痛等症状，常配伍蒲公英、紫地丁、野菊花等药物，能增强杀菌、消炎、解毒作用。

2. **炒药** 在瓦上或锅里将金银花炒得发黄或微焦即可。一般用于温病中期，邪热壅阻，胃气不和，发热烦躁，胸膈痞闷，口渴干呕，舌红苔燥，脉象滑数等症状，常与黄芩、栀子、石膏、竹茹、芦根等同用，以达到清热解毒、透邪外出、和胃止呕的治疗目的。

3. **炭药** 将金银花通过燃烧、密闭使之炭化，即为银化炭。主要用于治疗痢疾和止血凝血。

赤痢多为温热中阻，损伤肠络脂膜，下痢脓血，血多于脓，腹痛，里急后重。用银花炭配伍黄连、赤芍、木香、马齿苋等药物，具有清热理肠、化滞和血的作用。

疫痢多为疫毒侵袭肠胃，与气血搏结，痢下鲜紫脓血、壮热口渴，烦躁不安，甚至神昏谵语。用银花炭配伍生地黄、赤芍、丹皮、黄连、黄柏、白头翁等药物，就能发挥其清热解毒，凉血止痢的作用。

4. **药酒** 银花酒或忍冬酒，以银花为主，配伍甘草，取汁酿酒。此药酒不仅能治疗疾病，而且也是很好的保健品。还有以银花为主，配伍甘草，水酒煮服，治痈疽初发，功效甚佳。

关于药用量，一般是生药 10 – 30 克；炒药 10 – 20 克；炭药 10 – 15 克。例外者遵医嘱。

在用量方面，最为奇特的是我国清代名医陈士铎，被中医学界称为擅用银花第一人。他在其《洞天奥旨》中对金银花倍加赞赏:“疮疡一门,舍此味无第二品也。”“消火热之毒必用金银花。”他还常常感叹:“若能多用,何不可夺命以须臾,起死于顷刻哉”,“诚以金银花少用则力单,多用则力厚而功巨也。”观其所处方剂,用2两,还有用半斤至12两者。足见其见地之深刻、用量之过人也。谌为银花第一人,一点也不为过。

第四节　成分·药理

金银花的化学成分以及物理化学特性主要是其药用部分。从目前研究进展得知,已鉴别出60多种,主要分为三大类别。现在医药界以及科技界仍然在深入探析中。不久的将来,我们希望展现更为科学、全面的分析结果。

一、主要成分

1. 绿原酸类

千百年来中医药传统的经验只从性味功效上应用金银花于清热解毒,为什么?缺乏现代科学分析。因此中医药的发展同样必须改革,与西医结合,采用现代科学手段,更好地发挥中医药的独特作用。

当代科学研究已明确鉴定出金银花的主要成分是绿原酸、异绿原酸等20多种有机酸类成分;化学反应分析证明绿原酸具有抗菌抗病毒、止血、抗肝炎等作用。因此,判定金银花质量高低的一个主要标准就是其含绿原酸的多少。质量高者,绿原酸的含量一般为5%左右,低者为2%左右。

2. 黄酮类

黄酮类化合物木犀草素及其所含葡萄糖甙等40多种成分，使金银花具有抗菌、消炎、抗病毒的药理效果。故黄酮类成分乃为金银花主要药效成分之一。黄酮类总的含量在金银花中约为3.55%。

3. 挥发油类

金银花中含有200多种成分的挥发油，分别是芳樟醇、香叶醇、香树烯、苯甲酸酯丁香、金合欢醇、丁香醇、双花醇等。其中芳樟醇、香叶醇不仅香气浓郁，可作高级香料，而且具有明显的药理作用。这些活性成分均具有广谱抗菌、抗病毒、平喘镇咳等功效。

金银花中挥发油的成分虽然很多，但其含量总体上均偏低，总含量一般为0.6%。

另据刘嘉坤、尹传贵主编的《金银花研究应用新进展》一书详细的统计资料表明，金银花中还含有多糖类、三萜类、环烯醚类、醇类（挥发油除外）以及丰富的无机元素。该书还说明金银花中含有的鼠李糖、阿拉伯糖、甘露糖、半乳糖及葡萄糖等多糖成分，“具有抑菌、抗氧化和增强免疫的作用，生物活性强，毒副作用小。随着生物学的发展，对金银花多糖进行深入研究具有十分重要的意义和开发应用价值。”

二、金银花的药理作用

1. 抗菌作用

金银花具有广谱抗菌作用。如对痢疾杆菌、伤寒杆菌、副伤寒菌、大肠杆菌、变形杆菌、绿脓杆菌、霍乱弧菌、百日咳杆菌、金黄色葡萄球菌、α一溶血链球菌、β一溶血链球菌、肺炎双球菌、胸膜炎球菌等均有较强抑制力。尤其对伤寒及副伤寒杆菌在体外有较强的抑制；对慢性气管炎中有些常见细菌（肺炎球菌、甲型链球菌、卡他球菌）也有抑制作用。因此，现代临床应用把金银花誉为“中药抗菌素”。

2. 抗病毒作用

目前研究已知金银花所能抗的病毒种类有：流感病毒、甲型流感病毒、乙肝病毒、疱疹病毒、孤儿病毒、单纯疱疹病毒、合胞病毒、巨细胞病毒、腺病毒、狂犬病毒、鸡新城疫病毒、禽流感病毒、柯萨奇病毒、HTV 等。

对于这些研究成果，《金银花研究应用新进展》一书在其查阅文献备注中，均有翔实的名录，包括研究人员姓名、项目名称、学术论文发表的时间及所属的报刊等。为此本书不再重复说明。有兴趣的读者，可直接与他们联系，进一步探入研究探讨。

金银花对于上呼吸道感染致病之病毒有抑制和延缓细胞病变作用。因此，一般来说金银花能预防流行性感冒和上呼吸道感染病症，降低人体咽喉部位带菌率。如用金银花 25 克，甘草 5 克，煎水含漱，作为咽喉炎疾病的辅助治疗，不但具有局部清洁作用，而且有抗感染的效果。金银花复方能灭活 PR8 株甲型流行性感冒病毒，防治继发细菌感染。

木犀草素对于抑制疱疹病毒有较好作用。

3. 抗肿瘤、消炎、解热作用

金银花中黄酮类化合物木犀草素对 NK/LY 腹水癌细胞体外培养有抑制生长作用，对轻度烫伤炎症有减轻、消除作用。研究新进展进一步表明，“金银花具有细胞类抗肿瘤作用，诱导癌细胞分化，抗癌侵袭、转移作用，抗信息传递，转移肿瘤的多药耐药性，抑制端粒酶活性，作为抗癌增效剂以及抗癌性疼痛等作用，在肿瘤疾病防治中具有非常大的潜能和前景。”“动物实验表明，金银花的主要成分绿原酸对胃癌及结肠癌的发生具有预防及抑制作用。”“绿原酸具有较强的抑制突变能力，可抑制黄曲霉素 B_1 引发的突变和亚硝化反应引发的突变，并能有效地降低 r－射线引起的骨髓红细胞突变。同时，绿原酸还可通过降低致癌物的利用率及其在肝脏中的运输来达到防癌、抗癌的效果。并能抑制由苯并芘、氧化硝基喹啉（4－NaO）引发的癌症，绿原酸对大肠癌、肝癌和喉癌具有显著的抑制作用，被认为是癌症的有效化学防腐剂。”

（《金银花研究应用新进展》，刘嘉坤、尹传贵主编，人民卫生出版社，2012 年 11 月第 1 版）

金银花中所含丁番酚有消失防腐作用，芳樟醇有平喘镇咳和治疗小儿肺炎及扁桃体炎的作用。

4. 止血（凝血）作用

金银花中所含绿原酸有显著的止血凝血作用。研究表明，不同方法炮制的金银花，其在止血效果方面也是大不一样的。膨化品止血效果最好，银花炭品次之，生品效果较差。

对于金银花的药理作用的分析研究，可以说我们国家起步时间较晚、较短，有些资料介绍还没有普遍推行实用。如研究资料称，金银花有抗生育、降低血脂、预防胃溃疡、刺激中枢神经系统兴奋、护肝脏等疗效，尚需进一步证实并须具备可行性药剂实用。还有专家发现金银花有抑制艾滋病毒生长的作用，并在临床应用中取得疗效。这虽是好消息，但尚需时日走出实验阶段，形成完整的药理鉴定说明以及和实际药剂的支持。在这方面，《金银花研究应用新进展》一书中录用了国内外大量的实验分析报告，并作了简约式的摘要和说明，还指明了存在的问题和今后的研究方向，值得专业人士参考。

第五节　临证应用

临证应用在中医学辨证施治中有两方面的意义，一是临床确诊病症；二是据病症而选择适用药物、对症下药。

金银花在中药学上归为清热药。而清热药又细分为四类：清热泻火、清热凉血、清热燥湿和清热解毒。金银花归属第 4 类，清热兼解毒。故谓之清热解毒药。

热毒在人体不同的脏腑、经络、部位，呈现各种证候。中医学辨证施治在这方面积累了丰富宝贵的临床经验。

1. 预防和治疗口腔疾病。

广东省深圳牙科医疗中心口腔专家黄铭楷教授于 1974 年研制的口炎清纯中药颗粒剂，治疗口腔黏膜扁平苔癣和白斑，治愈率达 68%。该药剂就是以金银花为主要成分，配伍其他药物而成。20 多年来，应用效果良好，几乎没有毒副作用。而这种病，西医方面无特效药物治疗，因此外国药厂一直想收买这一秘方，深圳牙科中心及黄教授自然坚持专有。

（《医药经济报》2003 年 5 月 28 日，刘虹文）

此外，白求恩医科大学孙延波等医生，用金银花提取液，对引起龋齿病的变形链球菌、放线粘杆菌和引起牙周病的产黑色素类杆菌、牙龈类杆菌等，进行了体外抑菌试验，结果说明，金银花对所试大多数病原菌都有程度不同的抗菌作用。对龋齿及牙周病有治疗效果。现在市面上的金银花牙膏正是根据这些药理作用应运而生的。

2. 降低人群咽喉部带菌率

以金银花煎水含漱，或用其粉末喷咽部，能杀菌灭病。

用金银花、射干各等分，冰片适量，共为细末，向咽喉部喷射。曾对某中学425名学生作分组治疗，据咽拭培养观察，对降低人群带菌率有一定作用。

天津市第二中心医院耳鼻喉科多年总结的经验处方，由金银花、厚朴、青果、诃子肉、龙胆草、沉香等15味中药制成的咽炎冲剂，临床应用治疗咽干、音哑、喉痛、扁桃体炎、急、慢性咽炎等症疗效确切。

3. 治疗肺结核并发呼吸道感染

用银花制成注射液，治疗肺结核合并支气管炎症12例，其中11例在2－7天内退热。随着体温下降，咳嗽、咯痰、胸痛等症状也逐渐减轻或消失。用法：取金银花半斤，制成注射液1000毫升，肌肉注射，每日2次。

4. 治疗肺炎

用20%金银花注射液肌肉注射，每次2毫升；或穴位注射每次0.5－1毫升；均每日2次。重症肺炎可同时用50%金银花注射液10－30毫升加入10%葡萄糖300－500毫升中静滴。对暴喘型肺炎加用10%卤碱注射液10毫升，或氢化可的松滴注；对心力衰竭、高热或抽风等对症处理。治疗小儿肺炎25例，16例痊愈，9例好转。平均2.5天退热，2.8天呼吸困难消失，3.7天水泡音消失。

5. 治疗急性细菌性痢疾

以银花为主，配合其他药物，制成合剂内服。

①银花10两，黄连、黄芩各3两，制成煎剂1000毫升。每服30毫升，每日4次，直至痊愈。治疗80例，治愈77例。

②金银花320克，紫皮大蒜1000克，茶叶1200克，甘草120克，制成糖浆剂4000毫升。成人每服20毫升，每日3次，连服2－7天。治疗23例，临床症状均在1周内消失，但里急

后重及腹痛的消失较迟缓。

对于痢疾,无论是热毒血痢还是水痢,用金银花浓煎服,均有效果。明、清以降,如陈藏器及圣惠方治热毒血利、水痢,均用金银花浓煎服,效果颇佳,临床及文献有实证记载。对于里急后重者,应配伍和血调气药;挟湿者应配伍清燥湿药或利湿药。

6. 治疗婴幼儿腹泻

将金银花炒至烟尽(成灰白色无效),研为细末,加水行保留灌肠:6 个月以下婴儿用 1 克,加水 10 毫升;6 – 12 个月婴儿用 1.5 克,加水 15 毫升;1 – 2 岁用 2 – 3 克,加水 20 – 30 毫升,每日 2 次。亦可作为治疗小儿消化不良的一种辅助方法。

7. 治疗外科化脓性疾患

用金银花饱和蒸馏液肌肉或静脉注射,每 4 – 6 小时 1 次,每次 10 毫升;轻症每天 1 次,每次 5 – 10 毫升。肌肉注射每次加入 2% 普鲁卡因 1 – 2 毫升,以免局部疼痛。下肢化脓性炎症可行股动脉注射,用 10 毫升加入 0.5% 普鲁卡因 5 – 10 毫升,每日 1 次。对急性乳腺炎常作局部封闭,用 10 毫升加入 0.8 普鲁卡因 10 – 20 毫升,每日 1 次。曾治疗痈疖、丹毒、阑尾炎穿孔、局限性腹膜炎、急性乳腺炎等 10 余种外科化脓性疾患,均有效果。

用金银花、野菊花各 1 斤,以蒸馏法制成注射液 1000 毫升,分装灭菌,供肌肉注射;1 – 3 岁 3 毫升,3 – 12 岁 5 毫升,12 岁以上 10 毫升,每日 3 – 4 次。治疗胆囊炎、阑尾脓肿、深部脓肿、疖、痈、蜂窝组织炎、外伤感染、手术后感染,烫伤感染、骨髓炎及败血症等计 185 例,有效率平均在 90% 左右。

8. 治疗子宫颈糜烂等妇科疾病

用金银花流浸膏涂患处。先涂子宫颈管口内,后涂子宫颈外表面。涂药前需揩净阴道及子宫颈管口的分泌物,否则药物与黏液相混,影响治疗。每日 1 次,两周为一疗程。多数一疗程即能奏效。远期效果,有待观察。

亦可用金银花和甘草粉各半混合后,用阴道棉签蘸药粉塞入阴道内,直抵子宫颈,翌晨取出,10 次为一疗程。54 例子宫颈糜烂,多数用药数次即见好转,红肿消退,或出血停止,新生表皮逐渐出现,白带、腰酸等自觉症状显著改善。

用金银花煎汤内服也可治疗急性子宫肌内膜炎、产后恶露不尽、急性乳腺炎等。

9. 治疗眼科急性炎症

用金银花、蒲公英各 2 两,制成眼药水约 1000 毫升。每小时滴眼 1 次,每次 2－3 滴,直至痊愈。治疗急、慢性结膜炎、角膜炎、角膜溃疡等 63 例(角膜炎、角膜溃疡须结合其他常规治疗),均有效果。

此药具有抗菌素的杀菌、抑菌作用,对急性结膜炎,奏效快,疗程短,大部分病例在 3－7 天恢复;慢性者效果较差。

亦可单独用金银花制成眼药水滴眼,同时配合内服金银花、紫花地丁、一支黄花制成的合剂,或肌肉注射金银花注射液。治疗急性结膜炎 125 例,一般在 2－3 天后炎症减轻,4－5 天后痊愈。

10. 治疗荨麻疹

采取新鲜金银花煎服,每次 1 两,每天 3 次。治疗 3 例,均在用药 3 剂后症状消失。观察 2 个月无复发。

(《中药大辞典》金银花条目和《医药经济报》)

近年来,特别是 2011 年、2012 年首届、第二届中国金银花节暨金银花高峰论坛的相继召开,大大促进金银花产业的发展和在临床医疗中的应用研究。据《金银花研究应用新进展》第十二章,综合引用刘爱武、孙立晶、杨利、丁邦厚、曾凯军,孙展峰、孙桂玲、韩冰、孙爱莲、赵君颖、丁军红、危剑安等几十位专家学者及其相关的近百份科研论文,概述了近年来临床应用的新成果。该书指出:金银花"在临床医疗中的应用也极为广泛,从常见的内科、外科、皮肤科等疾病,到心血管疾病、中毒急救,甚至抗肿瘤、抗艾滋病(HlV)等,都有与金银花相关的应用。"

1. 金银花通过抗炎、抗氧化、抗血小板聚焦、降脂血糖等作用,在心血管的防治上有非常好的前景。

2. 金银花可用于治疗神经内科疾病:脑卒中、急性脑梗死、脑出血、病毒性脑炎、流行性脑脊髓膜炎、小舞蹈病、面神经炎等。

3. 金银花可用于治疗泌尿系感染,小便频数、尿道疼痛、热涩不利、尿痛等疾病。还可治疗男性前列腺炎等。

4. 金银花用于治疗肛周脓肿、炎性外痔、肛裂、顽固性肛门瘙痒等肛肠疾病效果良好。

5. 金银花可用于治疗急慢性化脓性骨髓炎、脱骨疽、新鲜闭合性伸直型桡骨远端骨折等骨科疾病。

6. 以金银花为主君、配伍菊花、桔梗、枯草、麦冬、玄参等,制成的银菊散结口服液,对于慢性淋巴细胞甲状腺炎,简称桥本病、甲状腺囊肿、甲状腺肿瘤及腺瘤囊性变均具有较好疗效;对于治疗乳腺增生,有效率高达99.69%。该项目研究者刘爱武指出,银菊散结口服液具有明显改善内分泌功能,增强体抵抗力作用,能双向调节甲状腺功能,适用于各型乳腺增生患者,对更年期综合症亦有较好的疗效。银菊散结口服液解毒清热,散结消瘿,用于"乳癖"即乳增生患者,有满意疗效。

7. 金银花在中毒急救中也能发挥很大作用。古时多用于解毒蕈中毒。现代用于解一氧化碳、内吸磷(1059)、对硫磷

(1605)等有磷农药中毒。

8. 危剑安在“谈谈金银花及其在艾滋病临床治疗中的应用体会”一文中明确指出,金银花可以治疗艾滋病。在艾滋病毒感染急性期、无症状期、相关综合症期(阴虚外感发热者、气虚外感发热者、气虚阳明热盛者、肺气阴两虚烦热者、湿热蕴结腹泻便溏者)、艾滋病期(痰热壅肺、湿热壅肺者)、艾滋病常见兼挟症(皮肤瘙痒、丘疹脓疱、疱疹、口疮口糜、淋巴结病、卡波西肉瘤)等等病期,根据实际情况,应用金银花进行治疗,都有一定疗效。

第六节　防治“非典”、流感、禽流感

中医药在抗击传染性非典型肺炎(SARS)、流感(甲型H1N1)人感染禽流感(H7N9)的斗争中,大显身手,声名鹊起,引起世人瞩目。而金银花在中医药治疗中更是扮演了主力军的角色,占有主导地位。因此,特列一节,大书一笔。

首先是在“非典”疫情的预防上,中医专家们提出的几套预防中药处方几手都以金银花为主药,致使金银花在当时就身价倍增。专家们认为,此次非典型肺炎发病热毒症状明显,具有热毒重、来势狂、迅速损伤人体肺气和津液的特征,故应以清热解毒、化湿辟秽、补气生津为法。金银花的药性药理作用完全具备抗病毒的要求。在中药典所载明的20多种清热解毒药中金银花冠之位首。为此抗击“非典”病魔,就不能不首先想到它,不能不重点起用它。中医师们在这种非常时期的所作所为,正如“世乱用重典”一样,严打重治,安定天下。

其次是在治疗上,中医药界的专家们根据中医理论和临床

经验，不仅对“非典”的病源症状做了全面深刻的分析，而且在此基础上提出了中医治疗“非典”的技术方案。

按照世界卫生组织（WHO）的定性观点，将传染性非典型肺炎称为严重急性呼吸综合症（Severe Acute Respiratory Syndromes），简称SARS。详细地讲，所谓SARS是指主要通过近距离空气飞沫和密切接触传播的呼吸道传染，临床主要表现为肺炎，在家庭和医院有显著的聚集现象。起病急，以发热为首发症状，体温一般高于38℃，偶有畏寒；可有头痛，关节酸痛，肌肉酸痛、乏力、腹泻；可有咳嗽，且多为干咳，少痰，偶有血丝痰；可有胸闷，严重者出现呼吸加速，气促或明显呼吸窘迫。

对这种病症，WHO专家经研究确认为冠状病毒的一个变种是引起SARS的病原体。

中国中医专家对传染性非典型肺炎的病症病源也有自己的看法，但从实质上看，中外专家学者的观点是一致的，只是因中西医理论体系不同，表述自然有别。

中医认为，“非典”属于温病范畴。

①临床上表现为外感风邪而引起的上焦急性温热。初起恶寒发热，咳嗽咽干，鼻塞声重，头痛身痛。随即发高热、干咳、胸闷，或伴有头痛、腹泻，或伴有气急短促之症。辨证论治认为属风、温、湿之邪侵袭肺系，邪郁于肺，肺气失其宣发，气逆而咳；邪蕴于肺，热毒内藏，故身热头涌，肺气不畅，则有喘息等。因此“非典”在中医学上诊断为温病是毋庸置疑的。而且是风温。

②“非典”在症状上也具有湿温的特征。患者有出粘汗，出小汗珠，胸闷、憋气，虽然口干而不想喝水、口苦等症状。在中医看来，这是很典型的湿温的表现。

③从发病时间看，公历2月，农历正月，正值春季，因此中

医也称“非典”为春温。

风温、湿温、春温都属温病范畴。中医专家们认为，这与2003年冬末春初的气候特征密切相关。从初春到春末，整个春天湿气重，雾太多。中医认为天为云气，地为雾气。雾气都是从地里冒出来的，同时也把毒气带了出来。中医称雾气为瘴气，即雾中含毒之意。通常情况下，北方的雾不会太重，南方的雾稍重一些，但在这年的春季，从南方到北方雾都比较大，而且快到夏天了，该没有雾了，该刮大风了，但还是有雾。一位老专家说，我活了70多年，从来没见过这么长时间的下雾，下这么大的雾。

许多中医专家学者们还指出，“非典”因其传染性严重的特性而应称为瘟疫。专家们引用我国明代医学家吴又可的名著《瘟疫论》来说明，因发现有一种致病的东西能够引起一方流行的疾病，就叫它是瘟疫。

对于瘟疫的预治，在《中华医药药典》中，从古至今，唯一标明论述有直接抗击功效的药物就是金银花、贯众。还有几种药物，如槟榔、升麻、苏合香等，也有“御瘴疠”、“辟一切不正之气”的功效，但比起金银花和贯众就逊色多了。所以中医药专家们经研究开出的防治处方中几乎都含有金银花或贯众，道理就在其中。对此，请代医家王秉衡在1808年所著《重庆堂随笔》中就明确指出：金银花具有“清热中风火湿热，解瘟疫秽浊邪”的功效。另一位清代医家黄宫绣其巨著《本草求真》中对贯众防治瘟疫的作用说明非常明白：“世遇天行不正之气，人多用此置之水缸，食之令人不染”。

这二味药在药性、药理作用上有相同之功效，即清热解毒，抗击瘟疫。但也有显著地不同。贯众有毒，金银花则是无毒的。无毒而能攻毒、解毒，就是金银花最大的优势。正因为如此，金银花在抗击“非典”中被广泛应用自在情理之中。再则，贯众因其毒性，在药典上和中医师的实用量上都很严格，一般为1－4钱。而金银花的使用量药典上规定为3钱－2两，差别之大可想而知。现代中医学上对金银花的用量一般为30－60克。

故此，我们也就不难理解，为什么在全民抗击“非典”的生死斗争中，金银花名声大振，身价愈日倍增，由平常年份时每公斤二三十元至五六十元的售价，几天工夫猛涨至二三百元，甚至三四百元。由于中医药在防治“非典”中明显的积极作用，在此期间，许多与抗“非典”密切相关的药物如白术、黄芩、黄芪等都有不同程度的上扬，但都没有像金银花那样几乎涨至天价。当时的中央电视台、各大报纸，都报道了这一惊人的消息。在河南、山东、江苏，500克金银花平常价格20元，这时已涨至200元。在陕西汉中金银花收购价每市斤出价160元还收不到货。应该说原因有多方面：一是时间紧迫、用量很大，造成供不应求，物缺则贵；二是商家，特别是一些不法之徒，趁机哄抬，转手炒作，发国难财等等。但从根本上分析，唯独金银花的价格看好，实乃金银花自身药性决定的。“天生我材必有用”，“抗击‘非典’，非我莫属”，此气味、此气概，又有谁家能比拟呢！

抗击“非典”在2003年的6月份取得了阶段性的伟大胜利，疫情已经得到有效控制。笔者完整地记录下《非典型肺炎中医药防治技术方案》，以供今人、后人们反复阅读和思考，拨开迷雾，获取灼见，认识祖国医药理论的博大精深和丰富、科学的内涵，体会中医药专家们在抗击“非典”中的良苦用心和重大贡献，感受WHO对中医药给予高度评价的深远意义。

非典型肺炎中医药防治技术方案

一、预防

在实施“社区综合性预防措施(试行)”的基础上,为提高健康人群对非典型肺炎的抵抗力,建议参考使用以下中医预防措施。

(一)一般健康人群服用的中药处方

1. 鲜芦根20克、银花15克、连翘15克、蝉衣10克、僵蚕10克、薄荷6克、生甘草5克。水煎代茶饮,连续服用7-10天。

2. 苍术12克、白术15克、黄芪15克、防风10克、藿香12克、沙参15克、银花20克、贯众12克。水煎服,一日两次,连续服用7-10天。

3. 贯众10克、银花10克、连翘10克、大青叶10克、苏叶10克、葛根10克、藿香10克、苍术10克、太子参15克、佩兰10克、水煎服,一日两次,连续服用7-10天。

(二)非典型肺炎病例或疑似病例有接触的健康人群在医生指导下服用的中药处方

生黄芪15克、银花15克、柴胡10克、黄芩10克、板蓝根15克、贯众15克、苍术10克、生苡仁15克、藿香10克、防风10克、生甘草5克。水煎服,一日两次,连续服用10-14天。

二、治疗

在卫生部疾病控制司制定的“非典型肺炎病例或疑似病例的推荐方案和出院诊断参考标准(试行)”等防治技术方案的基础上,为进一步提高非典型肺炎的临床疗效,建议医生根据实际情况，参考使用以下中医药治疗方法，对非典型肺炎病例或疑似病例按照中医辨证论治的原则，因地制宜，分期分证，进行个体化治疗。同时还要根据病情变化，适时调整治法治则，随证加减。

（一）早期

早期患者以热毒袭肺，温遏热阻为病机特征。临床上分为热毒袭肺、湿热阻遏、表寒里热夹温三种证候类型。属热毒袭肺者，宜清热宣肺，疏表通络，可选用银翘散合麻杏石甘汤加减；属湿热阻遏者，宜宣化湿热，透邪外达，可选用三仁汤合升降散加减，如湿重热轻，亦可选用藿朴夏苓汤；属表寒里热夹湿证者，宜解表清里，宣肺化湿，可选用麻杏石甘汤合升降散加减。

（二）中期

中期患者以疫毒侵肺，表里热炽，湿热蕴毒，邪阻少阳，疫毒炽盛，充斥表里为病机特征。临床上分为疫毒侵肺，表里热炽、湿热蕴毒、湿热郁阻少阳，热毒炽盛四种证候类型。属疫毒侵肺、表里炽热证者，宜清热解毒，泻肺降逆，可选用清肺解毒汤；属湿热蕴毒证者，宜化湿辟秽、清热解毒，可选用甘露消毒丹加减；属热郁阻少阳证者，宜清泻少阳，分清湿热，可选用蒿芩清胆汤加减；属热毒炽盛证者，宜清热凉血、泻火解毒，可选用清瘟败毒饮加减。

（三）极期

极期患者以热毒壅盛、邪盛正虚、气阴两伤，内闭外脱为病机特征。临床上分为痰湿瘀毒、壅阻肺络，湿热壅肺、气胆两伤，邪盛正虚，内闭喘脱三种证候类型。属痰湿瘀毒、壅阻肺络证者，宜益气解毒、化痰利湿、凉血通络，可选用活血泻肺汤；属湿热壅肺、气阴两伤证者，宜清热解湿、补气养阴，可选用益肺化浊汤；属邪盛正虚、内闭喘脱证者，宜益气固脱、通闭开窍，可选用参附汤加减。

（四）恢复期

恢复期患者以气阴两伤，肺脾两虚，湿热瘀毒未尽为病机特征。临床上分为气阴两伤、余邪未尽，肺脾两虚两种证候类型。属气阴两伤、余邪未尽证者，宜益气养阴、化湿通络，可选用李氏清暑益气汤加减；属肺脾两虚证者，宜益气健脾，可选用参苓白术散合葛根芩连汤加减。

（摘自《大众卫生报》2003年4月17日）

另外，在《金银花研究应用新进展》专著中，也简要论述了金银花在防治SARS中的应用：由于金银花具有广谱的抗菌、抗病毒和清热解毒、凉散风热的作用，所以在防治SARS的工作中，金银花占了主导地位。国家中医管理局推荐的防治SARS的中医处方中有一半以上的方药中，都有金银花，所以表明对本病的防治具有举足轻重的作用。

方一：金银花20克，连翘15克，板蓝根20克，川藿香10克，防风10克，贯众15克，甘草3克。每日1剂连服7天为一个疗程。可预防SARS病的流行。

方二：金银花20克，板蓝根20克、大青叶20克、贯众20克、野菊花20克、甘草20克，每日1剂，连服7天为1个疗程。用于对SARS病毒的预防和治疗。

从我们战胜SARS传染疾病的斗争中，上溯千年，历史实践都证明，中医药在中华民族生存健康中是发挥了重要作用的，那些支持废除中医药的先生们请不要“数典忘祖”。“批评中医”有益于中医药改革开放和提升，“全盘西化”则是灾难，是罪过。有了战胜“非典”的经验，当甲型H1N1流感在世界其他地区蔓延时，中国政府和有关部门就做好准备，中医药专家按照中医理论，以具有2000多年治疗发热性传染病历史检验的“麻杏石甘汤”和具有200多年治疗温热疫病历史经验的“银翘散”

为基础方，通过全面的临床实践研究，优选出了治疗甲型H1N1流感的二个有效方剂，一是“金花清感方”，二是“连花清瘟胶囊”。这两个方剂的最突出的特点是金银花均为其主药，所以名字非花即金。目前市面上常见的就是连花清瘟胶囊，其成分为连翘、金银花、炙麻黄、炒苦杏仁、石膏、板蓝根、绵马贯众、鱼腥草、广藿香、大黄、红景天、薄荷脑、甘草。功能主治为清瘟解毒，宣肺泄热。用于治疗流行性感冒属热毒袭肺证。症见：发热或高热，恶寒，肌肉酸痛，鼻塞流涕，咳嗽，头痛，舌偏红，苔黄或黄腻等。

近年来，国内多家权威机构对连花清瘟胶囊进行了一系列研究，证明其具有良好的广谱抗病毒作用，对甲型流感病毒H3N2，对流感病毒甲3，副流感病毒I型、呼吸道合胞病毒、腺病毒、单纯疱疹病毒均有抑制作用，其中对流感、副流感病毒抑制作用最强；并能有效杀灭禽流感病毒，抑制EV71病毒，并且还有良好的抑菌消炎作用。

专家认为，相比西药抗病毒药物“达菲”，中药不仅能消炎抗病毒，而且还可提高人体免疫机能。故此，世界卫生组织驻华代表处高级项目管理官员司徒农博士说，目前（2009年12月）甲型H1N1流感大流行的形势下，抗病毒已经明显，传统中医药可以提供类似治疗，而且费用抵，“世卫组织欢迎中医医疗甲型H1N1流感的临床结果。”这完全凸现了中医药学的优势，而且为全球人类在防治甲型流感方面提供了新的选择。

最突出的事实是国家卫生部为防治流行性感冒即时印发《流行性感冒诊断与治疗指南》，为医药卫生界和全国人民在防治流感的斗争中指明了方向，提供了方案、方法。特别是关于中医药的预防方面，其指南还明确指出：与流感患者有明显接触的儿童、青壮年，身体强壮者，可用金银花6克，薄荷3克，生甘草3克,水煎服,每日1剂,连服5天。

2009年那场世界性的流行性感冒,虽然一度也蔓延至中国的一些城市,但在国家强有力地中西医结合防治措施下,很快得到控制,效果显著,控防成功。但是,到了今年(即2013年)初春,北京市又出现了流感新情况,北京市中医局即刻开出流感治疗方,其通知指出,最近这些天,各大医院的感冒患者明显增加。来自北京疾控部门的消息也显示,目前北京市流感的发病水平处于5年来历史同期最高,2009年曾经占绝对主力的甲型H1N1流感现在又成了主导毒株。为此,北京市中医局组织专家制定流感治疗方,其中涉及运用金银花的方剂为流感清热方:

炙麻黄6克,苦杏仁10克,金银花15克,连翘15克,荆芥10克,白芷10克、葛根15克,羌活10克,桔梗10克、芦根30克、牛蒡子10克、生甘草5克,水煎服,每日一至二剂。

中成药可选择金花清感颗粒、疏风解毒胶囊、感冒清热颗粒、连花清瘟胶囊。儿童可选用小儿感冒颗粒,小儿豉翘清热颗粒。

与防治"非典"、流行性感冒一样,中国政府在防治人感染H7N9禽流感的斗争中,同样是非常"给力"的。由于政府的重视,中医药发挥的作用尤为突出,持久而且廉价经济。为此世界卫生组织总干事陈冯富珍十分钦佩赞赏,大力向世界各国倡导、推广。

国家卫生部关于《人感染H7N9禽流感诊疗方案》中关于中医药治疗的方案有两种症状,一是疫毒犯肺,肺失宣降;二是疫毒壅肺,内闭外脱。涉及运用金银花的诊疗方案是第一种症状,发热,咳嗽,少痰,头痛,肌肉关节疼痛。治法则为清热宣肺,其参考处方:

桑叶、金银花、连翘、炒杏仁、生石膏、知母、芦根、青蒿、黄芩、生甘草。水煎服,每日1-2剂,每4-6小时口服一次。

加减:咳嗽甚者加枇杷叶、浙江贝母。

中成药:可选择疏风解毒胶囊、连花清瘟胶囊、清开灵注射液。

关于预防H7N9禽流感,广州越秀中医黄璃提供的处方是:藿香10克,桑叶12克,银花12克,连翘12克,葛根15克,芦根12克,大青叶12克,杏仁12克,板蓝根15克,甘草8克。

可根据体质加减药物。如果体质虚寒的人,银花和大青叶就显得偏凉,可去掉,加上陈皮(10克),茯苓(15克)和神曲(12克)。如果体质偏热的人,不仅银花、大青叶不要去而且还应加上黄芩(15克)、石膏(30克)。

预防禽流感上方凉茶,连喝三天。

(《现代保健报》2013.03.22)

第七节 忍冬藤、银花子、土银花叶

金银花全身都是宝。花是名贵药材,茎、叶、果也可以入药。李时珍曰:"忍冬茎叶及花功用皆同"。

关于花的基原、异名、药材及产地、成分与药理、性味归经与功用主治、炮制与用法用量、临证应用及各大家论述,本章前六节已经较为翔实论述了。本节我们集中论述其茎、果叶的药用价值、性能特征。分为三个部分,一是忍冬藤,二是银花子,三是土银花叶。

一、忍冬藤

忍冬藤者,为忍冬科植物忍冬的茎叶。其药材正名就叫忍冬藤,从古至今的中医药书典及现代药典上都保持此名,没有改变。其最早的出处为《本草经集注》。

忍冬藤除正名外也有许多异名,几乎与金银花的名字一样,不过加上“藤”或“草”而已。如金银花藤(《丹溪心语》),金银藤(《乾坤生意秘韫》),金银花杆(《滇南本草》),二花秧、银花秧(《河南中药手册》),千金藤(《苏沈良方》),忍冬草(《证治要诀》),忍寒草(《洪氏集验方》),鸳鸯草(《墨庄漫录》),通灵草、密桶藤(《土宿本划》),甜藤(《本草述》),左缠藤(《余居士选奇方》),右旋藤(《贵州民间方药集》),右篆藤(《分类草药性》),鹭鸶藤(《履巉岩本草》)。还有老翁须、金钗股,完全与金银花同名为一。

藤类植物在自然界中十分常见,仔细观察其特点甚为显著。生命力旺盛,攀援性强,藤枝繁茂,柔韧有力,百折不回,无处不达。这种生命特征,告诉我们人应该如何的做人和养生。能屈能伸,以柔克刚。想想自身,望眼社会,凡长寿者几乎都是心态平和、性格温和的人。正如老子在《道德经》中所云:“天下之至柔,驰骋天下之至坚”,《论语》曰:“温、良、恭、俭、让以得之。”足以说明做人也好,养生也罢,切记过直之木易折的偏执德性,而应学习忍冬藤的柔韧之性,善行天下,自然会安泰长寿。

特别是人到老年,都觉悟到活着,健康地活着,有意义的活着的极端重要性,但如何做到这些却是许多人不明白的。如果我们能从金银花、忍冬藤的生命特征中悟出自己做人养生的道理：慢点，柔点，心灵美好点，心态平和点，像我们的孔老夫子那样，对家人、对社会都施以温和、善良、庄敬、节俭、谦逊该多好！

1. 忍冬藤药材与产地

忍冬藤药材通常在秋、冬割取带叶的茎藤，扎成小捆。晒干。干燥茎呈细长圆柱形，直径1.5～6毫米。表面暗红色或灰宗色，有细柔毛，尤以嫩枝为多。皮都易剥落，常撕裂作纤维状。茎上常带有椭圆形、绿黄色的叶，多破碎不全。质坚脆，断面灰白色或黄白色，中央髓部有空隙。气微，味谈。以外皮枣红色、稚嫩带叶者为佳。

主产浙江、四川、江苏、陕西、山东、湖南等地。此外安徽、河南、湖北、江西、福建、山西、云南、辽宁、贵州、河北等地亦产。

2. 成分与药理

茎含鞣质，生物碱。

叶含忍冬甙即木犀草素－7－鼠学糖葡萄糖甙、木犀草素等黄酮类。

据《中药大辞典》所载忍冬藤药理认为，其所含木犀草素经实验分析，有解痉、轻度利尿作用；对心脏的舒张期、收缩期以及血压的升与降低有一定的影响；内服有抗炎作用，外用，浓度为1：350000时，能抑制葡萄球葡及枯草杆菌的生长。

3. 炮制、性味与归经

忍冬藤的炮制比较简单，只需拣去杂质，用水浸泡，润透，切片，晒干。

性味，**甘，寒**。

①《别录》："甘，温，无毒。"

②《药性论》："味辛"。

③《本草拾遗》："小寒"。

④《本草再新》:“味甘苦,性微寒。”

归经:**入心、肺二经。**

4. 功用主治

藤类药物大多具有通经活络、舒筋止痛的功效。对关节炎、中风,妇科病、心血管疾病等有特殊疗效。从中不难悟出,这是其生命力旺盛,攀援性强,柔韧有力,无处不达的生理特性所致。故此,忍冬藤功用主治清热解毒通络。特别是在清经活络方面比之金银花药效更强。治温病发热、热毒血痢、传染性肝炎、痈肿疮毒、筋骨疼痛。

历代医家药书对忍冬藤的功效都有精辟的论述。

①《别录》:“主寒热身肿。”“煮汁以酿酒,补虚疗风。”

②《药性论》:“主腹胀满,能止气下避。”

③《本草拾遗》:“主热毒血痢水痢。”

④《履巉岩本草》:“治筋骨疼痛。”

⑤《滇南本草》:“宽中下气,消痰,祛风热,清咽喉热痛。”

⑥《本草纲目》:“治一切风温气及诸肿毒,痈疽疥癣、杨梅恶疮,散热解毒”,“忍冬茎叶及花功用皆同,昔人称其治风、除胀、解痢为要药,而后世不知复用;后世称其消肿、散毒、治疮为要药,而昔人并未言及,乃知古今之理,万变不同,未可一辙论也。按陈自明《外科精要》云,忍冬酒治痈疽发背,初发变当服此,其效甚奇,胜于红内消。洪迈、沈括诸方所载甚详。”

⑦《医学真传》:“余每用银花,人多异之,谓非痈毒疮疡,用之何益?夫银花之藤,乃宣通经脉之药也。……通经脉而调血气,何病不宜,岂必痈毒后用之哉。”

⑧《本草正义》“忍冬,〈别录〉称其甘温,实则主治功效,皆以清热解毒见长,必不可以言温。故陈藏器谓为小寒,且明言

其非温。甄权则称其味辛,盖惟辛能散,乃以解除热毒,权说是也。今人多用其花,实则花性轻扬,力量甚薄,不如枝蔓之气味俱厚。古人只称忍冬,不言为花,则并不用花入药,自可于言外得之。观〈纲目〉所附诸方,尚是藤叶为多,更是明证。〈别录〉谓主治寒热身肿,盖亦指寒热痈肿之疮疡而言,与陈自明〈外科精要〉之忍冬酒、忍冬圆(丸)同意,非能泛治一切肿胀。甄权谓治腹胀满,恐有误会;虽味辛能散,而性本寒凉,必非通治胀满之药。甄权又谓能止气下澼,则热毒蕴于肠腑之澼滞下,此能清之,亦犹陈藏器谓治热毒血痢耳。藏器又谓治水痢,则谓大便自利之水泄,惟热痢或可用之,而脾胃虚惫之自利,非其所宜。濒湖谓治诸肿毒、痈疽治癣,杨梅诸恶疮,散热解毒。则今人多用其花,寿颐已谓不如藤叶之力厚,且不仅煎剂之必须,则外用煎汤洗涤亦大良。随处都有,取之不竭,真所谓简、便、贱三字毕备之良药也。"

⑨《本草再新》:"治心虚炎旺,补气宽中,咳嗽,痈痿。"

⑩《药性切用》:"清经活络良药,痺疽挟热者宜之。"

⑪《南京民间药草》:"茎叶及花对眼睛发炎时有疗效。"

⑫《贵州民间方药集》:"叶:外敷治刀伤。"

⑬广州部队《常用中草药手册》:"治湿热腿痛。"

5. 用药与用量

内服:煎汤,0.3－1 两;入丸、散或浸酒。

外用:煎水熏洗、熬膏贴或研末调敷。

6. 临证应用

①治疗传染性肝炎

取忍冬藤 2 两,加水 1000 毫升,煎至 400 毫升,早晚分服。15 天为一疗程。每疗程间隔 1－3 天。治疗 22 例,其中症状基本消失,肝功能正常者12例;症状,体征部分消失或明显减轻,肝功能明显好转者6例;症状、体征无明显变化者4例。

②治疗细菌性痢疾及肠炎

以忍冬藤100克切碎,置于瓦罐内,加水200毫升,放置12小时后,用文火煎煮3小时,加入适量蒸馏水,使成100毫升,过滤。每日每公斤体重服1.6-2.4毫升。按热病情轻重,酌予增减,一般初服20毫升,每4小时1次;症状好转后,改为20毫升,一天4次,至泄停止后2天为止。治疗菌痢60例,肠炎90例,除4例服药1-2日未继续服用外,其余146例均获良好效果。

另用忍冬藤1.5两,每日2次煎服,同时以忍冬藤5钱煎水保留灌肠,每日1次。7日为一疗程。治疗急性菌痢167例。经一疗程治愈者121例(78.44%),无效者36例。治疗慢性菌痢80例,一疗程的治愈率为73.6%,其中24例非溃疡型皆恢复正常,38例溃疡型在10日内痊愈者占84.2%。

此外,用忍冬藤4两煎服,或结合辩证加用其他药物,治疗阑尾炎亦有一定效果。

(《中药大辞典》"忍冬藤"条目)

二、银花子

为忍冬科植物忍冬的果实。药材为干燥果实,圆球形,紫黑色,或为红色,径约2厘米。外皮皱缩,质重而结实。内含多数扁小棕褐色的种子。味微甘。

性味:"味苦涩,凉。"《饮片新参》

功用主治:"清血,化温热。治肠风,赤痢。"《饮片新参》

"清凉解毒"《苏州本产药材》。

用法与用量:内服,煎汤1－3钱。

宜忌:"形寒痢下腹痛者忌用"《饮片新参》。

三、土银花叶

根据《广东中药》的认定和记载,土银花叶者,乃是忍冬种植物山银花的叶。山银花又名山金银花,假金银花、土忍冬、土银花。虽然《增订伪药条辨》中认为"湖北、广东出者,色熏黑、梗多屑重,气味俱浊,不堪入药。"但乃指的花,而不是叶,不可概论。其叶不但可入药,而且性能优良,特能解毒。其花可否入药尚在进一步研究之中。据中央人民广播电台2014年8月14日报道:湖南省药检人员对国家药材鉴定局将南方产金银花定为山银花等问题提出异议,有待研究解决。

山银花分布四川、广东、广西、湖南、贵州、云南等地。其山银花叶药材为干燥叶或略带小部分嫩枝。叶卵圆形或椭圆形,两面均被柔毛,下面更甚,上面暗绿色,下面暗土黄色,羽状脉,具短柄。嫩枝被疏柔毛。以浮叶、净幼枝少者为佳。

性味:甘、寒。

成分:藤含黄酮甙、氨基酸、有机酸及糖类,其中黄酮甙为具有抗菌作用的主要成分。

功能主治:

①《广东中药》:"为清热解毒药。治痈疮疔毒、麻疹毒、皮肤血热。"

②《南方主要有毒植物》:"解罗陀曼、飞扬草、相思豆、苦参、白雪花、大茶药等中毒。"

用法与用量:内服,煎汤,2－5两。

外用:煎水洗。

第八节 成药一览

中成药是中医药学的重要部分，是在中医药理论的指导下，以自然的中药材为原料，按规定的处方和标准制成的剂型，可直接用于防治疾病。

经国家医药管理部门批准的国字号中成药均具有性质稳定、疗效确切、毒副作用较小的特点，而且服用、贮存、携带方便。它是中药走向国际化、现代化的必由之路和重要标志。

据调查，在现代中成药以及中药方剂中，金银花或忍冬藤的成分含量占方剂总量的三分之一以上，在中成药工业生产中，以金银花配伍的中成药，据笔者不完全统计多达 137 种，而在防治呼吸系统的中成药中，金银花和忍冬藤的成分含量占到 80% 以上。对防治风热感冒的中成药来说，金银花所占比重更是首屈一指。

总体来说，中成药类含金银花和忍冬藤较多，用量较大，尤其在防治风热感冒，抗病毒感染方面被中西医广泛使用。就拿以金银花和连翘为君臣而配制的银翘解毒片来说吧，从清代吴瑭在《温病条辨》中创立方剂以来，二三百年，历经不衰，且愈加广泛深入。十多亿中国人谁人不知，几人又没使用过呢？该类药物不仅在中国及世界华人中享有盛誉，而且日益被西方各国认可，出口量逐年扩大。

国家卫生部还规定，所有中成药方剂都必须明确药物组成成分、药理作用与现代研究及其性状，功能与主治，用法与用量，剂型与规格，注意事项，不良反应，临床应用等项内容。让患者使用时放心、明白、注意避免不应有的失误。

本此要求，笔者根据一些大型企业的“国药准字使用说明书”，重点介绍银翘解毒片及同种类药物的有关情况，并统计简介137种含有金银花、忍冬藤成分的中成药和药酒，供读者参阅。

1. 银翘解毒片（蜜丸、颗粒、合剂、浓缩丸）

功能：辛凉透表，清热解毒。

主治：风热感冒，发热头痛，咽痛，咳嗽，口渴、口干等。流行感冒，麻疹，腮腺炎，急性咽炎者可用之。

处方：银花200克，牛蒡子（炒）120克，连翘200克，桔梗120克，薄荷120克，淡竹叶80克，荆芥穗80克，甘草100克，淡豆豉100克。

制成：

①丸剂制剂法：银花、桔梗 分别粉碎成细粉，过筛；薄荷、荆芥穗提取挥发油，收集蒸馏后的水溶液，药渣与其余5味水煎2次，每次2小时，合并煎液，过滤，滤液与上述溶液合并，浓缩成稠膏状，加入金银花，桔梗细粉，混匀，干燥、再粉碎成细粉，过筛，喷薄荷、荆芥挥发油，混匀。每100克粉末加炼蜜80－90克，制成浓缩丸，每丸3克重。

②片剂制剂法与其丸剂制作方法基本相同，只有两点差别：A，淡豆豉单独加水煮沸，于80℃温浸2次，每次2小时，合并浸出液，过滤后再放入全部药液进行制剂。B，压制1000片即可。

服法：

①丸剂1次1丸每丸重3克每日2－3次。温开水或芦根汤送服。小儿酌减。

②片剂1次4片，每日2－3次。小儿酌减。片剂重量为每片0.6克，相当原药材1.14克。

③合剂每次10毫升,每日3次,用时摇匀。每瓶装药剂100毫升。

④浓缩丸每10克重1.5克,每次0.7-0.8克,每日3次。

⑤颗粒:每袋装15克,每次服1袋。每日3次。重症加服1次。

方解:

本方主治外感风热或温病初起之表证。方中以金银花、连翘为主药,辛凉解表,清热解毒,芳香避秽。辅以薄荷、牛蒡子疏散风热,清利头目,解毒利咽;荆芥穗、淡豆豉辛散表邪,透热外生。佐以淡竹叶清热生津,桔梗宣肺利咽,止咳化痰。使以甘草调和诸药。诸药配伍共起辛凉解表、清热解毒之功。

方中金银花含绿原酸、异绿原酸;连翘含连翘苷;均有解热抑菌作用。菠荷油使皮肤毛细管扩张,增加机体散热,刺激支气管分泌物增加,使稠厚的黏液乃于排出;桔梗含桔梗皂苷。具有解热、抗炎、镇痛、镇咳、祛痰平喘作用。全方诸药配伍主要具有解热、抗炎、抑菌、止咳祛痰平喘等作用。

性状:药剂呈浅棕色至棕褐色的片、丸、颗粒、合剂,气芳香,味苦、辛。

药理与毒性研究:

实验研究表明,本品主要有发汗、解热、抗菌、抗病毒、抗炎、镇痛、抗过敏,增强机体免痰功能,抑制肠蠕动亢进作用。

(1)发汗:本品能促进大鼠足跖汗液分泌。

(2)解热:对啤酒酵母所致大鼠发热模型,按本方20克/千克灌服,有明显的解热作用。给家兔静脉注入三联菌苗(0.5毫升/千克)的致热模型,按本方0.9克/千克灌服,结果在致热后5-6小时有明显的解热作用;本品对生热原(EP)致热有明显对抗作用,一般给药30分钟体温开始下降,并能降至正常水平以下；本品对 EP 合成无明显影响，但能阻断 EP 产生以后的环节，并能解除致热原敏感神经元的作用，说明本品为中枢性解热药。

(3)抗菌与抗病毒：本品对多种病菌及病毒均有抑制作用。

(4)消炎、抗过敏：本品有较强的非特异性消炎作用，对多型变态反应有明显的抗过敏作用。例如对大鼠蛋清足跖肿胀，组胺所致小鼠皮肤毛细血管通透性亢进的抑制作用较强，对天花粉所致大鼠被动皮肤过敏反应有明显的抑制作用。

(5)增强机体免疫功能：本方能增强小鼠巨噬细胞的吿噬功能。

(6)毒性研究：本品煎剂、片剂服小鼠，LD50 分别为 100 克/千克、75 克/千克。药动学研究表明，本品毒性成分呈二室模型分布，其最小有毒剂量，膜腔注射为 7.28 克/千克，消除半衰期为 13.86 小时，分布半衰期为 0.76 小时。

临床应用：用于风热或温热病初起的表证：(1)感冒；(2)流行性感冒；(3)急性扁桃体炎；(4)急性腮腺炎；(5)急性咽喉炎；(6)急性支气管炎；(7)咽峡疱疹初期；(8)麻疹初期；(9)流行性乙脑初期；(10)大叶型肺炎初期；(11)风疹；(12)小儿急性肾炎初期；(13)急性结膜炎；(14)产褥感染等。

注意事项：

(1)用药期间忌食油腻及生冷食品；(2)极少数患者服用本品可能出现荨麻疹样皮疹；(3)风寒表证(感冒)忌用。

2. 精制银翘解毒片

处方组成、功效与主治及药理、毒性等方面与原方剂基本一致。不同在于精制片药中含对乙酰氨基酚 44 毫克，加强了原方剂退热镇痛功效。用量上每次 3－5 片，每日 2 次，每一片含量相当于原药材的 0.19 克。

3. 维C银翘片

主要成分:在原银翘解毒片方剂的基础上加含维生素C、马来酸氯苯那敏、对乙酰基酚等13味。

性状:本品为糖衣片,除去包衣后显棕褐色。

作用类别:本品为感冒类非处方药药品。

功能主治与原方剂相同。

用法用量:口服,一次2片,一日3次。

注意事项与原方剂的要求基本一致。但特别注意的是:用药期不宜驾驶车辆、管理机器及高空作业。

4. 羚翘解毒片(蜜丸、浓缩丸、颗粒)

处方组成:羚羊角粉、金银花、连翘、荆芥穗、薄荷、牛蒡子(炒)、淡豆豉、淡竹叶、桔梗、甘草、冰片。

处方来源:清代吴瑭《温病条辨》。

组方分析:本方应用于风热或温病初起之表证。本品比银翘解毒片组方多了一味辅药羚羊角粉。羚羊角具有平肝熄风,清解肺热,凉血,镇惊解毒等作用。因而本方除辛凉解表、清热解毒外,还有镇静抗惊的功效。

剂型与规格:片剂,每片重0.55克。

性状:本品为浅棕色至棕色的片,气芳香、味苦、辛。

药理与毒理研究:主要有解热、抗炎、镇痛、镇静、抗菌及增强免疫功能等作用。

功能与主治:辛凉解表、清热解毒。用于外感温邪或风热、四肢酸懒,头痛鼻塞,咳嗽咽痛。

临床应用:用于风热或温病初起的流行性感冒、扁桃体炎、腮腺炎、乙型脑炎等。

不良反应:

(1)过敏反应:曾报道口服羚翘解毒丸(蜜丸)1粒引出过

敏反应2例,症状为小腿后部和两膝盖发烧,发痒且红胖,呈分布对称的片状红斑,稍有痛感,躯体皮肤潮红发痒;

(2)过量中毒:可见头晕、胸闷、恶心、呕吐、四肢麻木、发烧、周身发痒,甚至呼吸急促,血压下降,昏迷,脉微欲绝等症状。

注意事项:忌食辛辣油腻及生冷食物。风寒感冒者不宜服用。

5. 羚羊感冒片(胶囊、口服液颗粒)

这是羚翘解毒片的同类药,其组方成分,功效、药理、毒性、注意事项等均相同。区别点仅在用量上。请患者服用前详细阅读该药的使用说明书,明确其具体要求。

对于含有羚羊角粉的这两种中成药,笔者首先是从它们都含有金银花成分的角度、作为这方面的系统知识介绍给读者的。同时,更为重要的是劝告读者朋友,尽可能不要使用这两种药,因为羚羊是非常珍稀的受国家保护的野生动物。既然纯植物性的银翘解毒片效果很好,我们就不应再使用含动物性原料的药物。不说别的,就从这一点做起,就是对生态环境的真心爱护和实际保护,当然首当其冲的是生产厂商了。

6. 复方金银花冲剂

这是一种在“双黄连”基础上改进的新型药剂。近几年来,特别是对“非典”、“流感”、“禽流感”病疫斗争胜利之后,人们对金银花的抗菌、消炎、清热、解毒的药性特征有了更为明确的认知,此药剂就是在增加金银花配伍比例的基础上冠之以“复方金银花”这个响亮的名称。生产厂家在其“感冒健康手册”中特此指明,其药研制和生产针对的就是普通感冒和流性感冒。还引证世界卫生组织统计表明,每年死于感冒的人至少有200万以上。

功能与主治:辛凉解表、清热解毒。适用于病毒和细菌感染引起的肺炎、气管炎、支气管炎、咽炎、扁桃体炎等上呼吸道感染及感冒、病毒性流感引起的发热、咽痛、咳嗽和老年性哮喘等。

从方解分析,该药有三大功效:抗菌、消炎、杀灭病毒。

(1)本品富含多种天然中药成分,可以提高人体 CD4 细胞,预防病毒和细菌的入侵,可有效预防感冒。

(2)方中金银花、黄芩具有清热解毒、燥湿作用,可以消除咽喉部肿痛及上呼吸道炎症。

(3)对于引起感冒的鼻病毒,流感病毒和副流感病毒来说,每年都在变异,西药没有较好的治疗手段,本品富含绿原酸、黄芩、连翘紫苷等天然抗病毒成分,通过抑制病毒入侵健康细胞,抑制病毒酶的活性,抑制病毒 RNA、DNA 的复制,从而干扰其变异,杀灭流感病毒。

现代药理与毒性研究表明,本品对肺炎双球菌、金黄色葡萄球菌、链球菌、小肠结肠炎耶氏菌;甲型副伤杆菌,宋内氏痢疾杆菌,以及流感病毒甲、流感病毒乙,呼吸道含胞病毒(RSV)均有明显抑制作用。本品对肝肾功能及血液系统、消化系统临床均未发现毒副作用。

该药为粉粒冲剂,呈浅黄色、味甜,微苦。使用时像冲茶一样,一次 1 -2 包,一日 2 次或 3 次均可。

像一般的感冒药一样,服用该药也有忌烟、酒及辛辣、生冷、油腻食物等 10 多项注意事项说明,患者服用前必须仔细阅读或在医生指导下使用,不可盲目乱用。

7. 清热解毒颗粒(片、口服液、糖浆、胶囊、注射液)

处方组成:金银花、生石膏、玄参、生地黄、连翘、栀子、甜地丁、黄芩、龙胆草、板蓝根、知母、麦冬。

功能主治:清热解毒。用于治疗流感、肺炎、咽炎、扁桃体炎等呼吸道感染及各种发热疾病。

一个方剂,多种剂型,三个地区不同的生产厂家。西安生产批准文号是1994年陕卫药准字,上海生产批准文号是1997年卫药准字,石家庄生产批准文号是国药准字。这些重要标志都是读者在购买和使用时必须弄清楚的。常识告诉我们,不是国药准字的批号自然要退出历史舞台。此药效果好,用量大,生产厂家多。使用者最好购买具有"国药准字"标识的中成药,较为可靠些。

8. 利咽解毒颗粒

药物组成:金银花、连翘等16种中药材组成。

主要功能及主治:清肺利咽,解毒退热。用于咽喉肿痛,口舌生疮。

9. 感冒止咳冲剂(颗粒、糖浆)

成分:柴胡、山银花、葛根、青蒿、连翘、黄芩、桔梗、苦杏仁、薄荷脑。

功能主治:清热解表,止咳化痰。用于感冒发热、头痛鼻塞,伤风咳嗽,咽喉肿痛,四肢怠倦,流行性感冒。

10. 清开灵颗粒(胶囊、口服液、注射液、泡腾片、滴丸、片、软胶囊)

组成:牛胆酸、珍珠母粉、栀子、水牛角粉、板蓝根、黄芩苷、金银花提取物,猪去氧胆酸。

功能主治:清热解毒,镇静安神。用于外感风热时毒、火毒盛所致高热不退,烦躁不安、咽喉肿痛、舌炎红绛、苔黄脉数;上呼吸道感染,病毒性感冒,急性扁桃体炎,急性气管炎,高热以及湿热型肝炎、乙型肝炎、脑血栓、脑出血等症属上述证候者可用之。

11. 双黄连片(颗粒、栓剂、冻干粉针、粉针、滴注液、注射液、合剂、气雾剂、滴眼剂、胶囊、软胶囊、糖浆、口服液、含片、咀嚼片)。

[组成]金银花、黄芩、连翘。

[功用]辛凉解表,清热解毒。用于外感风热感冒,症见发热、咳嗽、咽痛。该药品生产剂型规格较多,不同剂型品种所表述的功用略有不同,使用时要遵医嘱并仔细阅读说明。

(1)口服液、糖浆、咀嚼片、颗粒、胶囊、软胶囊、合剂、气雾剂,多用于因病毒和细菌感染引起的轻型肺炎,上呼吸道感染、急性支气管炎、咽炎、扁桃体炎;(2)冻干粉针、粉针、含片、多用于风温邪在肺卫或热风闭肺证,症见发热、微恶风寒或不恶寒、咳嗽气促、咳痰色黄、咽红肿痛、急性上呼吸道感染;(3)注射液、滴注液、栓剂,较多用于病毒及细菌感染引起的上呼吸道感染、肺炎、扁桃体炎及咽炎等;(4)滴眼剂,功在祛风清热,解毒退翳。用于风邪热毒型单纯疱疹、病毒性树枝角膜炎。

12. 银黄口服液(片、胶囊、注射液冲剂、颗粒、含片)

[组成]金银花提取物、黄芩提取物。

[功用]清热疏风,利咽解毒。用于外感风热、肺胃热盛所致的发热、咳嗽、咽干咽痛、喉核肿大、口渴等症。急性扁桃体炎、急性或慢性咽炎,上呼吸道感染见上述证候者可用之。

13. 风热清口服液

[组成]金银花、熊胆粉、青黛、桔梗、瓜蒌皮、甘草。

[功用]清热解毒,宣肺透表,利咽化痰。用于外感风热所致的感冒,症见发热,微恶风寒、头痛、咳嗽、口渴、咽痛。急性上呼吸道感染见上述证候者可用之。

14. 白石清热颗粒

[组成]葛根、薄荷、生石膏、板蓝根、白花蛇舌草、蝉蜕、白

茅根、红花、北豆根、金银花、芦根。

[功用]疏风清热，解毒利咽。用于外感风热或风寒化热、表邪尚在，症见发热、微恶风、头痛鼻塞、咳嗽痰黄，咽红肿痛、口干而渴、舌苔薄白或薄黄、脉浮。上呼吸道感染、急性扁桃体炎见上述证候者可用之。

15. 抗感解毒胶囊(口服液、片、颗粒)

[组成]金银花、白芷、菊花、连翘、黄芩、栀子，茵陈、板蓝根、贯众、大青叶、葛根。

[功用]清热解毒、凉血消肿，利咽。用于风热感冒、痄腮。因病毒所致的流行性感冒和腮腺炎常用之。

16. 神犀丸[别名]神犀丹。

[组成]水牛角、生地黄、玄参、黄芩、连翘、板蓝根、紫草、天花粉、石菖蒲、忍冬藤。

[功用]清热、凉血、解毒。用于瘟疫热邪引起的高热不退，惊厥神昏、谵语发狂、口糜烂、舌色紫绛，以及斑疹毒盛。

17. 羚羊清肺散

[组成]羚羊粉、板蓝根、连翘、金银花、水牛角浓缩粉、石膏、冰片、川贝母、甘草、僵蚕、大黄、知母、栀子、芦根、桔梗、天花粉、赤芍、琥珀、朱砂等。

[功用]清热泄火，凉血解毒，化痰熄风。用于温热病所致的高热神昏、烦躁口渴，惊厥抽搐及小儿肺热咳嗽。

18. 羚羊清肺胶囊(颗粒、丸剂)

[组成]羚羊角粉、浙贝毋、炙桑白皮、前胡、杏仁、麦冬、天冬、桔梗、天花粉、地黄、玄参、石斛、炙枇杷叶、金果榄、大青叶、陈皮、栀子、黄芩、金银花、板蓝根、牡丹皮、薄荷、熟大黄、甘草等。

[功用]清肺利咽、除瘟止嗽。用于肺胃热盛，感受时邪所

致的身热头晕、四肢酸困、咳嗽痰盛、咽喉肿痛、口干、舌燥等。

19. 清解颗粒(片)

[组成]金银花、牡丹皮、蒲公英、夏枯草、连翘、石膏、柴胡、金钱草等。

[功用]解热解毒、凉血散结。用于毒热炽盛症见高热口渴,尿赤便结,舌红苔黄、脉弦数等实热证候者。胆囊炎、肺炎、支气管炎、咽炎、盆腔炎、尿路感染、肾盂肾炎、类风湿关节炎、肠梗阻及病毒感染或原因不明高热、对抗生素有抗药性或过敏反应者可酌情用之。

20. 牛黄清宫丸

[组成]牛黄、麝香、水牛角浓缩粉、金银花、连翘、黄芩、栀子、大黄、朱砂、地黄、麦冬、玄参、天花粉、雄黄、冰片、莲子心、郁金、甘草。

[功用]清热解毒,镇静安神,止渴除烦。用于热入心包,热盛动风证。症见身热烦躁,昏迷。舌赤唇干,谵语狂躁、头痛眩晕等。惊悸不安及小儿急热惊风。

21. 速感宁胶囊

[组成]柴胡、金银花、贯众、大青叶、牛黄。

[功用]清热解毒,消炎止痛。用于感冒、流行性感冒引起的发热、头痛、咽喉肿痛,以及小儿腮腺炎等病症。

22. 复方感冒灵片(颗粒)

[组成]金银花、五指柑、野菊花、三杈苦、南板蓝根、岗梅、对乙酰氨基酚、马来酸苯那敏、咖啡因。

[功用]辛凉解表,清热解毒,用于风热感冒及温病发热、微恶风寒、头身痛、口干而渴、鼻塞黏稠等症。流行性感冒、止呼吸道感染、急性扁桃体炎、流行性脑膜炎等见上述证候者可用之。

23. 柴石退热颗粒

[**组成**]柴胡、石膏、黄芩、金银花、板蓝根、大黄、蒲公英、知母连翘。

[**功用**]清热解毒,解表清里。用于风热感冒、症见发热、头痛、或恶风、咽痛、口渴、便溏、尿黄者。

24. 散风透热颗粒

[**组成**]金银花、连翘、柴胡、葛根、黄芩、板蓝根、青蒿、白薇、地骨皮、甘草。

[**功用**]清热解毒、散风透热。症见发热,微恶寒、口干、咳嗽、咽喉肿痛等。

25. 双清口服液

[**组成**]金银花、连翘、大青叶、桔梗、广藿香、知母、生地黄、温郁金、石膏、蜂蜜、山梨醇甲。

[**功用**]清透表邪,清热解毒。用于风温肺热、卫气同病,见发热、微恶风寒、头痛、咳嗽、痰黄、口渴、舌红、苔黄或兼白,脉滑数或浮数者。上呼吸道感染、急性支气管炎见上述证候者可用之。

26. 克感利咽口服液

[**组成**]金银花、黄芩、栀子、玄参、生地黄、射干、荆芥、防风、蝉蜕、薄荷、僵蚕、桔梗、甘草。

[**功用**]疏风清热、解毒利咽。用于风热外感邪热内扰证,症见发热、微恶风、头痛、咽痛、鼻塞流涕、口渴、尿黄等。

27. 感冒丸(胶囊)

[**组成**]麻黄、薄荷、金银花、石膏、杏仁、紫苏叶、前胡、菊花、黄芩、甘草、桔梗、桑叶。

[**功用**]清热止咳,宣肺平喘。用于感冒、头痛、发热、鼻流清涕、咳嗽声重、气道喘急者。

28. 抗感颗粒(颗粒、泡腾片)

[组成]金银花、绵马贯众、赤芍。

[功用]清热解毒。用于外感风热所致的发热、头痛、鼻塞、喷嚏、咽痛、全身乏力酸痛等症。感冒及流行性感冒见上述证候者可用之。

29. 解毒退热口服液

[组成]金银花、连翘、板蓝根。

[功用]清热解毒,消肿利咽。用于风热感冒,温病初起。症见咽喉肿痛、高热惊风者等。

30. 金叶败毒颗粒,(别名)热毒清

[组成]金银花、大青叶、鱼腥草、蒲公英。

[功用]清热解毒。用于外感温热病,如病毒性肺炎、急性上呼吸道感染、流行性感冒等急性病毒性及细菌感染性疾病。

31. 柴银口服液

[组成]柴胡、金银花、黄芩、葛根、荆芥、青蒿、连翘。

[功用]清热解毒、利咽止咳。用于外感风热,症见发热恶风,头痛、咽痛、汗出、鼻塞流涕、咳嗽、舌边尖红、苔薄黄者。上呼吸道感染见上述证候者可用之。

32. 九味双解口服液

[组成]柴胡、大黄、金银花、青蒿、黄芩、大青叶、蒲公英、重楼、草果。

[功用]解表清热,泻火解毒。用于风热感冒,症见发热、恶风、头痛、咳嗽、流涕、咽红肿痛、口渴或尿黄赤,大便干结等者。

33. 海菊颗粒

[组成]胖大海、金银花、菊花、冰片、薄荷脑。

[功用]疏风解表,清热利咽。用于外感风热引行的咽喉肝痛,身热头痛,全身不适等症。

34. 金羚感冒片

［组成］忍冬藤、野菊花、水牛角浓缩粉、羚羊角、北豆根、阿司匹林、马来酸氯苯那敏、维生素 C。

［功用］疏风解表、清热解毒。用于风热感冒，症见发热、头痛、咽干、口渴、鼻塞、喷嚏、舌红、苔薄黄、脉浮数者。上呼吸道感染见上述证候者可用之。

35. 桑菊银翘散

［组成］桑叶、菊花、金银花、连翘、薄荷、荆芥、牛蒡子、淡豆豉、蝉蜕、僵蚕、桔梗、杏仁、川贝母、淡竹叶、芦根、滑石、甘草、绿豆。

［功用］疏风解表、清热解毒、宣肺止咳。用于风热感冒，见发热恶寒、头痛、咳嗽、咽喉肿痛、舌红、苔黄、脉数者。上呼吸道感染、急性支气管炎见上述证候者可用之。

36. 强力感冒片

［组成］金银花、连翘、荆芥、薄荷、淡豆豉、牛蒡子、桔梗、淡竹叶、甘草、对乙酰氨基酸。

［功能］疏风解表、清热解毒。用于风热感冒。症见发热、头痛、口干、咽痛、咳嗽、舌红、苔黄、脉数者。上呼吸道感染见上述证候者可用之。

37. 苦甘颗粒

［组成］金银花、薄荷、蝉蜕、黄芩、麻黄、苦杏仁、桔梗、浙贝母、甘草。

［功用］疏风清热，宣肺化痰、止咳平喘。用于风热感冒及风温肺热引起的恶风、发热、头痛、咽痛、咳嗽、舌边尖红、苔薄黄、脉浮数等症。上呼吸道感染、流行性感冒、急性支气管炎见上述证候者可用之。

38. 连花清瘟胶囊

[组成]连翘、金银花、炙麻黄、杏仁、石膏、板蓝根、绵马贯众、鱼腥草、广藿香、大黄、红景天、甘草、薄荷脑。

[功用]清瘟解毒、宣肺泄热。用于流行性感冒热毒袭肺证,症见发热或高热恶寒、肌肉酸痛、鼻塞流涕、咳嗽、咽干咽痛、舌偏红、苔黄或黄腻等者。

39. 银翘伤风胶囊

[组成]山银花、牛蒡子、芦根、淡豆豉、淡竹叶、人工牛黄、连翘、桔梗、薄荷、荆芥、甘草。

[功用]疏风解表、清热解毒。用于外感风热、温病初起、症见发热恶寒、高热口渴、头痛、目赤、咽喉肿痛、舌苔薄黄、脉浮数者。上呼吸道感染、流行性感冒见上述证候者可用之。

40. 抗菌消炎片

[组成]金银花、大青叶、百部、金钱草、知毋、黄芩、大黄。

[功用]清热、泻火、解毒。用于风热感冒、咽喉肿痛,实火牙痛。上呼吸道感染、咽喉炎、牙龈炎等属上述证候者可用之。

41. 射干抗病毒注射液,(别名)抗病毒注射液

[组成]射干、金银花、佩兰、茵陈、柴胡、蒲公英、板蓝根、大青叶。

[功用]清热解毒、抗菌抗病毒。用于流行性感冒,上呼吸道感染、流行性腮腺炎、急性淋巴结和淋巴管炎、带状疱疹、急性病毒性肝炎,以及尖锐湿疣、生殖器疱疹等泌尿系统病毒性感染。

42. 热毒宁注射液

[组成]青蒿、金银花、栀子等。

[功用]清热疏风、解毒、用于外感风热所致的高热微恶寒、头身痛、咳嗽、痰黄等症。上呼吸道感染、急性支气管炎见上述

证候者可用之。

43. 银翘双解栓

[**组成**]金银花、连翘、黄芩、丁香叶、羊毛脂。

[**功用**]疏风解热、清肺泻火。用于外感风热或兼肺热,症见发热或微恶风寒、咽喉肿痛、咳嗽色白或黄、脉浮或湿数。上呼吸道感染、急性扁桃体炎、急性支气管炎等见上述证候者可用之。

44. 六和茶

[**组成**]金银花、金锦香、毛麝香、岗梅、倒扣草、鬼箭羽、贯众、苍术、连翘、荆芥、土荆芥等26味药组成。

[**功用**]清热除湿、解暑消食。用于外感冒热挟湿或暑挟积证。症见发热恶寒,头痛身倦、四肢酸楚、脘腹胀闷者。上呼吸道感染等见证候者可用之。

45. 神农茶(颗粒)

[**组成**]忍冬藤、金沙藤、地胆草、岗梅、桑查、布渣汁、水翁花、滇竹叶、广金钱草、扭肚藤、狗肝菜、鸭脚木皮。

[**功用**]消暑清热,生津止渴。用于伤风暑湿感冒。症见发热、恶风头痛,身困重等者。

46. 香石双解袋泡剂

[**组成**]香薷、金银花、连翘、薄荷、荆芥穗、石膏、知母、射干、板蓝根、滑石、广藿香、熟大黄、甘草。

[**功用**]散寒解表、解表除湿、通腑泄热。用于夏令感冒,表寒里热所致的发热、恶寒无汗、头痛身痛、口干咽痛、恶心呕吐、大便秘结、小便短赤等症。

47. 金贝痰咳清颗粒

[**组成**]金银花、浙贝母、前胡、苦杏仁、桑白皮、桔梗、射干、麻黄、甘草。

［**功用**］清肺止咳、化痰平喘。用于痰热所致的咳嗽喘息，痰黄黏稠等症。慢性支气管炎急性发作见上述证候者用之。

48. 麻杏宣肺颗粒

［**组成**］麻黄、苦杏仁、金银花、桔梗、浙贝母、鱼腥草、陈皮、甘草。

［**功用**］宣肺止咳，清热化痰。用于痰热咳嗽、咳痰、发热、口渴、舌红、苔黄或黄腻者，慢性支气管炎见上述证候者可用之。

49. 痰热清注射液

［**组成**］熊胆粉、山羊角、金银花、黄芩、连翘。

［**功用**］清热解毒，化痰镇惊。用于风湿肺热病属痰热阻肺证。症见发热、咳嗽、咳痰不爽、烦渴、舌质红、苔黄、脉数等症。急性支气管炎、急性肺炎早期痰热壅肺证可用之。

50. 清暑解毒颗粒(别名)清凉颗粒

［**组成**］金银花、淡竹叶、芦根、滑石粉、薄荷、夏枯草、甘草。

［**功用**］清热解暑、生津止渴。用于暑热或高温作业中暑，症见烦热、口渴、头晕、乏力、恶心呕吐者。

51. 金梅清暑颗粒

［**组成**］金银花、乌梅、淡竹叶、甘草。

［**功用**］清热解暑，生津止渴。用于反季暑热、口渴、多汗、头昏、心烦，小便短赤。并可预防痧痱、中暑。

52. 芪冬颐心口服液

［**组成**］黄芪、麦冬、生晒参、茯苓、生地黄、龟甲、郁金、桂枝、紫石英、淫羊藿、金银花、桔壳。

［**功用**］益气养心，安神止悸。用于肝肾不足，气血方虚所致心悸、胸闷、胸痛、气短乏力、失眠多梦、自汗盗汗、心烦等证。病毒性心肌炎、冠心病、心绞痛见上述证候者可用之。

53. 中风回春丸(片、胶囊)

[组成]川芎、当归、丹参、川牛膝、桃仁、红花、茺蔚子、鸡血藤、土鳖虫、全蝎、蜈蚣、地龙、僵蚕、木瓜、金钱白花蛇、威灵仙、忍冬藤、络石藤、伸筋草。

[功用]活血化瘀、舒筋通络。用于痰瘀阻络所致的中风,症见肢体活动不利,重则瘫痪不起,肢体麻木,疼痛或发凉,手足肿胀,手指拘挛、关节疼痛、屈伸不利、口舌㖞斜、言语不利等。缺血性中风及出血性中风的恢复期、后遗症期见上述证候者可用之。

54. 麝香抗栓胶囊(丸)

[组成]麝香、羚羊角、黄芪、稀莶草、忍冬藤、鸡血藤、络石藤、生地黄、当归、红花、赤芍、乌梢蛇、地龙、葛根、全蝎、僵蚕、水蛭、大黄、三七、川芎、天麻、胆南星。

[功用]通络活血、醒脑散瘀。用于中风气虚血瘀证。症见半身不遂,言语不通,头昏目眩,短气乏力等。脑梗死恢复期见上述证候者可用之。

55. 湿热痹颗粒(片、胶囊)

[组成]苍术、忍冬藤、地龙、连翘、黄柏、薏苡仁、防风、川牛膝、威灵仙、桑枝、草薢、防己。

[功用]祛风除湿、清热消肿,通络定痛。用于湿热阻络所致的痹病,症见肌肉或关节红肿热痛,有沉重感,步履艰难,发热,口渴不欲饮,小便色黄等。风湿性关节炎、强直性脊柱炎、痛风、骨关节炎等见上述证候者可用之。

56. 金不换膏

[组成]金银花、白蔹、连翘、轻粉、陈皮、香附、苍术、柳枝、生草乌、桑枝、大风子、防风、桃枝、独活、羌活、威灵仙、槐枝、荆芥穗、生川乌、生穿山甲、榆枝、清风藤、麻黄、蜈蚣、樟脑、白芷、

天麻、乌药、苦参、细辛、僵蚕、远志、续断、五加皮、杜仲、牛膝、川芎、当归、山药、熟地黄、赤芍、何首乌、乳香、没药、大黄、红花、桃仁、血竭，共计四十八味药。

［**功用**］祛风除湿，强壮筋骨，舒经通络，活血止痛。用于风湿痹所致的四肢麻木，腰腿疼痛及跌打伤痛、慢性劳损等症。风湿性关节炎、类风湿关节炎等可辨证用之。

57. 风湿安泰片

［**组成**］生川乌、生草乌、马钱子（制）、羌活、乌草蛇、红花、金银花、骨碎补、乌梅、细辛、红参、鹿茸、黄柏、没药、广地龙、地枫皮、老鹳草、五加皮、续断、麻黄、甘草、槲寄生、淫羊藿、牛膝、桂枝。

［**功用**］舒筋活血、祛风镇痛。用于筋骨麻木、手足拘挛、腰腿疼痛、风湿性关节炎。

58. 消淋败毒丸

［**组成**］土茯苓、金银花、人工牛黄、羚羊角粉、川木通、泽泻、车前子（盐炒）、大黄、川芎、防风、薏苡仁、甘草。

［**功用**］清热解毒，祛湿通淋。用于下焦湿热证。症见尿频或急、尿道灼痛、尿黄或赤，腰痛或小腹胀痛，舌红苔腻等。急慢性非特异性下尿路细菌感染出现以上症状者可用之。

59. 复方石淋通胶囊

［**组成**］广金钱草、石韦、海金沙、滑石、忍冬藤。

［**功用**］清热利湿，通淋排石。用于膀胱湿热，石淋涩痛，尿路结石，泌尿系统感染属肝胆膀胱湿热者。

60. 复方石淋通片

［**组成**］土茯苓、广金钱草、石韦、海金沙、滑石、忍冬藤。本药剂其功用与其胶囊相同，只是加了一味药。

61. 排石颗粒

[**组成**]车前子、甘草、木通、滑石、瞿麦、连钱草、苘麻子、忍冬藤、石韦、徐长卿。

[**功用**]清热利水、通淋排石、用于下焦湿热所致的石淋,症见腰腹疼痛、排尿不畅或伴有血尿者。肾结石、输尿管结石、膀胱结石属下焦湿热者可用之。

62. 翁沥通胶囊

[**组成**]薏苡仁、浙贝母、川木通、栀子、金银花、旋覆花、泽兰、大黄、铜绿、甘草、黄芪。

[**功用**]清热利湿,散结祛瘀。用于湿热蕴结,痰瘀交阻型前列腺增生症,症见尿频、尿急或尿细,排尿困难者。

63. 前列金丹片

[**组成**]金银花、丹参、赤芍、泽兰、桃仁、红花、延胡索、王不留行、败酱草、茯苓、泽泻、大枣。

[**功用**]清湿热、散瘀结。用于湿热瘀阻型的慢性前列腺炎及前列腺增生(肥大),可改善排尿困难、会阴胀痛、夜尿频数及尿急、尿痛等症状。

64. 小败毒膏

[**组成**]蒲公英、金银花、天花粉、黄柏、大黄、白芷、陈皮、乳香(醋制)、当归、赤芍、木鳖子、甘草。

[**功用**]清热解毒、消肿止痛。用于湿热蕴结热毒壅盛引起的疮疡初起、红肿硬痛、大便燥结。毛囊炎、毛囊周围炎、体表浅部脓肿、急性淋巴结炎、急性蜂窝织炎、痈等病的初期阶段可用之。

65. 龟苓膏

[**组成**]龟(去内脏)、生地黄、金银花、土茯苓、绵茵陈、火麻仁、甘草。

[功用]滋阴润燥、降水除烦、清利湿热、凉血解毒。用于虚火烦躁、口舌生疮、津亏便秘、热淋白浊、赤白带下、皮肤瘙痒、疖肿疮痛。

66. 拔毒膏

[组成]金银花、连翘、黄芩、大黄、木鳖子,穿山甲、乳香、没药、血竭、儿茶、当归、川芎、赤芍、苍术、白芷、白蔹、玄参、地黄、桔梗、蓖麻子、轻粉、红粉、樟脑、蜈蚣。

[功用]清热解毒,活血消肿、用于热毒瘀滞肌肤所致的疮疡、症见肌肤红、肿、热痛或已成脓者,体表急性化脓性疾病见上述证候者可用之。

[制剂用法]黑膏药、外用。

67. 复方黄柏液(外用)

[组成]连翘、黄柏、金银花、蒲公英、蜈蚣。

[功用]清热解毒,消肿祛腐。用于疮疡溃后,伤口感染属阳证者,各种外科感染及非感染性伤口和创面、骨髓炎、骨结核及淋巴结核窦道、脉骨炎引起的溃疡、糖尿病性溃疡、Ⅱ度以下的烧烫伤、压疮、宫颈炎、宫颈糜烂、滴虫性阴道炎、霉菌性阴道炎和非特异性阴道炎、结肠炎、鼻炎等可辨证用之。

68. 丹花口服液

[组成]牡丹皮、金银花、连翘、土茯苓、荆芥、防风、浮萍、白芷、桔梗、皂角刺、牛膝、何首乌、黄芩。

[功用]祛风清热,除湿,散结。用于肺胃蕴热所致的粉刺(痤疮)。

69. 皮肤病血毒丸

[组成]金银花、连翘、地黄、苦地丁、土茯苓、黄柏、皂角刺、桔梗、苦杏仁(炒)、茜草、桃仁、荆芥穗(炭)、蛇蜕、赤芍、当归、白茅根、地肤子、苍耳子、益母草、防风、赤茯苓、白芍、蝉蜕、牛

蒡子、牡丹皮、白鲜皮、熟地黄、大黄、忍冬藤、紫草、土贝母、川芎、甘草、白芷、天葵子、紫荆皮、鸡血藤、浮萍、红花。

[**功用**]清血散毒、消肿止痒。用于经络不和、湿热血燥引起的风疹、湿疹、皮肤刺痒、雀斑粉刺、疮疡肿毒、脚气疥癣、头目眩晕、大便燥结。

70. 金花消痤丸

[**组成**]金银花、栀子、黄芩、大黄、黄连、桔梗、薄荷、黄柏、甘草。

[**功用**]清热泄火,解毒消肿。用于肺胃热盛所致痤疮、口舌生疮、胃火牙痛、咽喉肿痛、目赤、便结、尿黄等。

71. 复方珍珠暗疮片

[**组成**]金银花、蒲公英、川木通、当归尾、地黄、大黄、黄柏、水牛角浓缩粉、羚羊角粉、北沙参、黄芩、赤芍、玄参、珍珠层粉、猪胆粉。

[**功用**]清血解毒、凉血消斑。用于血热蕴阻肌肤所致的粉刺、湿疮,症见颜面红斑、粉刺疙瘩、脓疮或皮肤红斑血疹、瘙痒、痤疮、红斑丘疹性湿疹见上述证候者可用之。

72. 消银片(颗粒、胶囊)

[**组成**]地黄、牡丹皮、金银花、赤芍、当归、苦参、玄参、牛蒡子、蝉蜕、白鲜皮、防风、大青叶、红花。

[**功用**]清热凉血,养血润燥,祛风止痒。用于血热风燥型或血虚风燥型银屑病,症见点滴状皮疹、基底鲜红色、表面覆有银色鳞屑,或皮疹表面覆有较厚的银白色鳞屑,较干燥,基底淡红色,瘙痒较甚等。

73. 银屑灵

[**组成**]土茯苓、苦参、白皮鲜、防风、蝉蜕、黄柏、生地黄、金银花、赤芍、连翘、当归、甘草。

[**功用**]祛风燥湿,清热解毒,活血化瘀。用于湿热蕴肤、郁滞不通所致的银屑病,症见四肢屈侧部位皮损呈红斑湿润、偶有浅表小脓疮者。

74. 日晒防治膏

[**组成**]金银花、杠板归、垂盆草、鸭跖草、玉竹、紫草、芦荟、天冬、灵芝、薏苡仁、花粉。

[**功用**]清热解毒,凉血消斑。用于防冷热毒灼肤所致的日晒疮。(外用)。

75. 皮肤康洗液

[**组成**]金银花、蒲公英、马齿苋、蛇床子、土茯苓、白鲜皮、赤芍、地榆、大黄、甘草。

[**功用**]清热解毒,除湿止痒。用于湿热蕴阻肌肤所致的湿疮或湿热下注所致的阴痒,症见皮肤红斑、丘疹、水痘、糜烂、瘙痒,或白带量多,阴部瘙痒。急性湿疹、阴道炎见上述证候者可用之。(洗剂、外用)

76. 金松止痒洗液(洗剂、外用)

[**组成**]金银花、松叶、大叶桉叶、千里光、白鲜皮、黄芩、土茯苓、蛇床子、甘草。

[**功用**]清热祛湿,杀虫止痒。用于成年女性外阴炎、湿热带下、外阴处皮肤瘙痒。

77. 阑尾消炎片(丸)

[**组成**]金银花、大青叶、败酱草、蒲公英、鸡血藤、川楝子、大黄、木香、冬瓜子(麸炒)、桃仁、赤芍、黄芩等。

[**功用**]清热解毒,散瘀消肿。用于热毒蕴结、气滞血瘀所致的小腹疼痛、腰骶酸痛重坠、发热或不发热、带下量多、色黄质稠、便秘、苔黄腻等。阑尾炎及慢性盆腔炎见上述证候者可用之。

78. 脉络舒通颗粒

[**组成**]黄芪、金银花、黄柏、苍术、薏苡仁、玄参、当归、白芍、水蛭、蜈蚣、全蝎、甘草。

[**功用**]清热解毒,化瘀通络、祛湿消肿。用于湿热淤阻脉络所致的血栓性浅静脉炎,非急性期深静脉血栓形成所致的下肢体肿胀、疼痛、肤色暗红或伴有索状物。

79. 脉络宁口服液(注射剂)

[**组成**]玄参、石斛、川牛膝、金银花、党参、红花、炮山甲。

[**功用**]养阴清热,活血祛瘀。用于阴虚内热、血脉淤阻所致的脱疽,症见患肢红肿热痛、破溃,兼见腰膝酸软、口干欲饮。血检闭塞性脉管炎、静脉血栓形成及血栓性静脉炎,动脉硬化闭塞症,脑血栓塞症、糖尿病坏疽等见上述证候者可用之。

80. 肤康烧伤膜(外用膜剂)

[**组成**]紫草、金银花、黄柏、黄芩、大黄、地黄、连翘、地榆、当归、五味子、冰片。

[**功用**]清热解毒,祛腐生肌。可在常规抗感染及输液配合下,用于小面积浅Ⅱ度、深Ⅱ度烧烫伤。

81. 虎黄烧伤搽剂(外用)

[**组成**]虎杈、黄连、黄柏、黄芩、红花、大黄、地榆、诃子、紫草、白及、金银花、五倍子。

[**功用**]泻火解毒,凉血活血、消肿止痛、燥湿敛疮。用于面积不超过5%的Ⅰ度和Ⅱ度烧烫伤。

82. 烧伤药(外用)

[**组成**]忍冬藤、虎杖、地榆、白及、黄连、冰片。

[**功用**]泻火凉血,消肿止痛。用于烧伤、烫伤。对中小面积Ⅰ度以下烧、烫伤疗效较为可靠。日晒疮也可用之。

83. 紫草油(外用)

[组成]紫草、忍冬藤、白芷、冰片。

[功用]清热解毒,消肿止痛。用于各种烧、烫、灼伤。

84. 紫冰油(外用)

[组成]紫草、忍冬藤、冰片、珍珠、当归。

[功用]清热解毒,消肿止痛,祛腐生肌。用于皮肤浅表溃疡属阳证者。

85. 赛空青眼药(外用)

[组成]菊花、金银花、黄连、地黄、防风、黄芩、冰片、大黄、眼用炉甘石、熊胆、麝香等。

[功用]消炎、明目、退障。用于风热上攻所致目赤肿痛、翳膜外障、畏光流泪。

86. 金珠滴眼液(外用)

[组成]金银花、密蒙花、野菊花、薄荷、珍珠、冰片。

[功用]疏风、清热、养阴明目,散瘀退赤。用于白睛赤脉隐现。迂曲、眼痒,干涩不爽,不耐久视,眨眼频繁等症。慢性结膜炎见上述证候者可用之。

87. 金叶滴眼液(滴眼剂,外用)

[组成]金银花、桑叶、野菊花。

[功用]清热解毒,退赤消肿。用于治疗急、慢性结膜炎、角膜炎等眼部各类炎症,白内障、沙眼、弱视、畏光流泪、干涩胀痛、视物不清、眼部出血及视疲劳综合证。

88. 鼻炎滴剂

[组成]盐酸麻黄碱、金银花提取物、黄芩苷、辛夷油、冰片。

[功用]散风,清热,宣肺,通窍。用于风热壅肺所致的鼻塞,时轻时重,或双侧交替堵塞,反复发作,经久不愈、鼻内黏膜肿胀色淡,鼻流清涕或浊涕,发热,头痛者。急、慢性鼻炎见上

述证候者可用之。

89. 京制牛黄解毒片

[**组成**]黄连、黄柏、大黄、黄芩、金银花、石膏、薄荷、桔梗、连翘、栀子、菊花、荆芥穗、防风、旋覆花、白芷、川芎、蔓荆子、蚕沙、甘草、冰片、牛黄。

[**功用**]本片与牛黄解毒丸方药及功效虽相似但有所不同。其功能为清热解毒，散风止痛。主要用于肺胃蕴热引起的头目眩晕、口鼻生疮、风火牙痛、暴发火眼、咽喉肿痛、大便秘结等症。一般牛黄解毒丸方药是不含金银花的。

90. 咽炎片(含片)

[**组成**]金银花、菊花、野菊花、射干、黄芩、木通、麦冬、天冬、桔梗、忍冬藤、甘草、薄荷脑。

[**功用**]清热解毒，消炎止痛。用于风热邪毒上壅、灼伤阴液所致的咽喉肿痛、声音嘶哑、咳吐不利者。现代多用于急性、慢性咽炎。

91. 金嗓子含片

[**组成**]薄荷片、金银花、西青果、桉油、石斛、橘红、八角茴香油、罗汉果。

[**功用**]疏风清热，解毒利咽，芳香辟秽。用于改善急性咽炎、急性喉炎所致的咽喉肿痛、干燥灼热，声音嘶哑等症。

92. 金嗓散结丸

[**组成**]金银花、马勃、玄参、莪术(醋炒)、桃仁、三棱(醋炒)、丹参、麦冬、泽泻、蝉蜕、蒲公英。

[**功用**]清热解毒，活血化瘀，利湿化痰。用于热毒蓄结、气滞血瘀而形成的慢性喉喑(声带小结，声带息肉，声带黏膜增厚)及由此而引起的声音嘶哑等症。

93. 金嗓开音丸(胶囊)

[组成]金银花、连翘、黄芩、板蓝根、赤芍、玄参、菊花、牛蒡子、木蝴蝶、胖大海、僵蚕(麸炒)、蝉蜕、桑叶、苦杏仁、前胡、泽泻。

[功用]清热解毒,疏风利咽。用于风热邪毒引起的肺热燥咳,痰多黄稠,咽喉肿痛,声音嘶哑等症。急性或亚急性咽炎、喉炎、突发性失声等见上述证候者可用之。

94. 金蓝气雾剂(外喷)

[组成]金银花、板蓝根、射干、冰片。

[功用]清热解毒,利咽开音。用于急性咽炎,喉炎属风热证候者。

95. 金参润喉合剂

[组成]金银花、玄参、地黄、连翘、桔梗、射干、板蓝根、甘草、冰片、蜂蜜。

[功用]养阴生津、清热解毒,利咽止痛。用于肺胃阴虚或痰热蕴肺所致的喉痹证。症见咽喉疼痛、喉痒或异物感等。慢性咽炎见上述证候者可用之。

96. 复方双花片(口服液、颗粒、糖浆)

[组成]金银花、连翘、穿心莲、板蓝根。

[功用]清热解毒、利咽消肿。用于风热外感、风热乳蛾。症见发热、微恶风、头痛、鼻塞流涕、咽红而痛,或咽喉干燥灼痛,吞咽则加剧,咽及扁桃体红肿,舌边尖红,苔薄黄或舌红苔黄。急性扁桃体炎见上述证候者可用之。

97. 金栀咽喉袋泡茶(冲泡茶饮)

[组成]金银花、栀子、诃子肉(制)、玄参、麦冬、北豆根、桔梗、薄荷叶、胖大海、金果榄、硼砂、黄连、射干等17味。

[功用]清热解毒、利咽生津。用于上焦风热所致的咽喉疼

痛、咽干、喉痒、声音嘶哑、舌尖红等症。急、慢性咽炎，急性喉炎（轻型）见上述证候者可用之。

98. 口炎清颗粒（含片）

［组成］天冬、麦冬、玄参、甘草、金银花。

［功用］滋阴清热，消肿止痛。用于口疮、口腔溃疡，进食疼痛等症。复发性口炎、阿弗他口炎见上述证候者可用之。

99. 口腔炎喷雾剂（外用）

［组成］忍冬藤、蒲公英、皂角刺、蜂房。

［功用］清热解毒，消肿止痛，去腐生肌。用于口腔炎、疱疹性口炎，阿弗他口炎、损伤性口炎、口腔溃疡、牙龈肿痛，口舌生疮等。感冒发热、咽喉炎、咽峡炎、滤泡性咽峡炎，急性扁桃体炎等亦可用之。

100. 利口清含漱液（含漱剂）

［组成］金银花、北豆根。

［功用］清热解毒。用于肺胃火热引起的复发性口疮和牙周病，症见口腔局部溃疡、渗出、充血、出血、水肿、疼痛及牙龈红肿、溃烂溢脓等。

101. 银蒲解毒片

［组成］金银花、蒲公英、野菊花、紫花地丁、夏枯草。

［功用］清热解毒。用于风热外感所致的咽痛、充血、咽干或具灼热感、舌苔薄黄等症。急性咽炎等见上述证候者可用之。

102. 复方鱼腥草片（胶囊、颗粒、合剂）

［组成］鱼腥草、黄芩、板蓝根、连翘、金银花。

［功用］清热解毒。用于外感风热引起的急喉痹、急乳蛾，症见咽部红肿、疼痛咽干灼热、发热恶寒、咳嗽痰黄等者，急性咽炎急性扁桃体炎等上述证候者可用之。

103. 玉叶解毒颗粒(糖浆)

[**组成**]玉叶金花、山芝麻、金银花、野菊花、岗梅、积雪草、菊花

[**药理与毒理研究**]主要有解热、抗炎、抗菌、抗病毒、镇痛、利尿等作用。

[**功能与主治**]清热解毒,辛凉解表,清暑利湿,生津利咽。用于防治外感风热引起的感冒,咳嗽,咽喉炎,尿路感染及防暑。

[**备注**]用于抗醉酒有一定效果。

104. 清肝利胆口服液(胶囊)

[**组成**]茵陈、金银花、栀子、防己、厚朴。

[**功用**]清肝利胆湿热。用于肝胆湿热、肝郁气滞所致的纳呆、胁痛、疲倦乏力、尿黄苔腻、脉弦等。急性和慢性肝炎、急性和慢性胆囊炎见上述证候者可用之。

105. 双虎清肝颗粒

[**组成**]金银花、虎杖、黄连、瓜蒌、白花蛇舌草、蒲公英、丹参、野菊花、紫花地丁、法半夏、枳实、甘草。

[**功用**]清热利湿、化痰宽中、理气活血。用于湿热内蕴所致胃脘痞闷、口干不欲饮、恶心厌油、食少纳差、胁肋隐痛、腹部胀满、大便黏滞不爽或臭秽,或身目发黄舌质暗边红、苔厚腻、脉弦滑或弦数者。慢性乙肝见上述证候者可用之。

106. 茵栀黄合剂(颗粒、注射液)

[**组成**]黄芩苷、金银花提取物、茵陈提取物、栀子提取物。

[**功用**]清热解毒,利湿退黄,有退黄疸和降低低谷丙转氨酶的作用。用于湿热毒邪内蕴所致急性、迁延性、慢性肝炎和重症肝炎(I型),也可用于其他型重症肝炎的综合治疗。

107. 利胆片

[**组成**]柴胡、大黄、黄芩、木香、茵陈、知母、金银花、金钱草、大青叶、白芍、芒硝。

[**功用**]舒肝止痛,清热利湿,用于胆道疾患,症见胁肋及胃腹部疼痛,按之痛剧,大便不通、小便短黄、身热头痛、呕吐不食等者。

108. 克癀胶囊

[**组成**]麝香、牛黄、蛇胆汁、三七、郁金、黄芩、黄连、黄柏、金银花等。

[**功用**]清热解毒、化瘀散结。用于湿热毒邪内蕴、瘀血阻络所致的胁胀痛或刺痛、胁下痞块、口苦口黏、纳呆腹胀、面目黄染、小便短赤、舌质暗红或瘀斑、瘀点、舌苔黄腻、脉弦滑或涩等症。慢性肝炎见上述证候者可用之。

109. 清肝祛黄胶囊

[组成]金银花、茵陈、栀子、大黄、委陵菜等。

[**功用**]清热解毒,利湿祛黄。用于湿热蕴结,且热重于湿所致的身目发黄、腹部胀满、恶心呕吐、口渴、小便黄赤等症。急性黄疸型肝炎可辨而用之。

110. 京万红

[**组成**]黄芩、黄连、黄柏、大黄、地榆、栀子、木鳖子、罂粟壳、血余炭、槐米、半边莲、金银花、紫草、苦参、当归、川芎、生地黄、红花、桃仁、血竭、赤芍、棕榈、土鳖虫、穿山甲、苦参、冰片、五倍子、木瓜、苍术、白芷、胡黄连、乌梅、白蔹、乳香、没药。

[**功用**]清热解毒、凉血化瘀、祛腐生机。用于水、火、电灼烫伤,疼疡肿痛,皮肤损伤,创面溃烂等症。久病卧床所致压疮或皮肤暗红、糜烂,流黄水者可用之。

111. 京万红痔疮膏

[组成]金银花、地榆、紫草、地黄、穿山甲、土鳖虫、白蔹，槐米，刺猬皮、冰片、黄连、黄柏等39味药组成。

[功用]清热解毒、化瘀止痛、收敛止血。用于初期内痔、肛裂、肛周炎、混合痔等。(外用)。

112. 京万红软膏

本药用于治疗皮肤病。具有活血消肿，祛瘀止痛，解毒排脓，去腐生机的功效。亦含有金银花。(外用)

113. 跌打万花油

[组成]金银花叶、野菊花、乌药、水翁花、徐长卿、大蒜、马齿苋、葱、黑老虎、威灵仙、木棉皮、土细辛、葛花、声色草、伸筋草、蛇床子、铁包金、倒扣草、苏木、大黄、山白芷、朱砂根、过塘蛇、鸭脚艾、九节茶、地耳草、一点红、两面针、泽兰、红花、谷精草、土田七、木棉花、防风、侧柏叶、马钱子、大风艾、腊梅花、墨旱莲、九层塔等。

[功能]止血止痛，消炎生肌，消肿散瘀，舒筋活络。用于跌打损伤，撞击扭伤，刀枪伤，烫伤等症。尤适于伴有瘀血胖痛的闭合性损伤。腱鞘炎、腰肌劳损、坐骨神经痛及手术或疮口愈合者可用之。

本品外用，也适用于骨刺病。

114. 痔康片

[组成]豨莶草、金银花、槐花、地榆炭、黄芩、大黄。

[功用]清热凉血、泻热通便。用于热毒风盛或湿热下注所致的便血、肛门肿痛有下坠感、大便秘结等症。Ⅰ、Ⅱ级痔漏属上述证候者可用之。

115. 痔炎消颗粒

[组成]火麻仁、紫珠叶、槐花、金银花、地榆、白芍、三七、茅

根、茵陈、枳壳。

[**功用**]清热解毒、润肠通便、止血、止痛、消肿。用于血热毒盛所致的痔疮肿痛，肛裂疼痛及痔、疮手术后大便困难，便血及老人便秘，血栓外痔、炎性外痔等见上述证候者可用之。

116. 参蛇花痔膏

[**组成**]苦参、蛇床子、金银花、黄柏、五倍子、白矾、炉甘石、当归、甘草。

[**功用**]清热燥湿，消肿止痛。用于风伤肠络、湿热下注所致的内痔、外痔及便血、肛门红肿热痛等。(软膏，外用)

117. 痔疾洗液

[**组成**]忍冬藤、苦参、黄柏、五倍子。

[**功用**]清热解毒，燥湿敛疮，消肿止痛。用于外痔肿痛、肛裂、肛瘘及痔瘘手术后外洗而用。

118. 小儿清热消蛾颗粒

[**组成**]金银花、连翘、葛根、大青叶、山豆根、柴胡、甘草。

[**功用**]疏风清热、解毒利咽、消肿。用于小儿风热乳蛾。症见发热、咽痛、喉核肿大、舌红、苔黄者。小儿急性充血性扁桃体炎见上述证候者可用之。

119. 小儿咽扁颗粒

[**组成**]金银花、射干、金果榄、桔梗、玄参、麦冬、牛黄、冰片。

[**功用**]清热利咽、解毒止痛。用于肺炎引起的咽喉肿痛、口舌糜烂、咳嗽痰盛、咽炎喉炎、扁桃体炎。

120. 小儿解表颗粒(口服液)

[**组成**]金银花、连翘、牛蒡子(炒)、蒲公英、黄芩、防风、紫苏叶、荆芥穗、葛根、人工牛黄。

[**功用**]宣肺解表，清热解毒。用于小儿外感风热所致的感

冒。症见恶寒发热、头痛咳嗽、鼻塞流涕、咽痛痒。上呼吸道感染见上述证候者可用之。

121. 小儿风热清口服液(合剂)

[**组成**]金银花、连翘、板蓝根、薄荷、柴胡、牛蒡子、荆芥穗、石膏、黄芩、栀子、桔梗、僵蚕、防风、苦杏仁、芦根、积壳、六神曲、赤芍、淡竹叶、甘草。

[**功用**]疏散风热、清热解毒,止咳利咽。用于小儿风热感冒,症见发热、咳嗽、咳痰、鼻塞流涕,咽喉红肿疼痛。上呼吸道感染见上述证候者可用之。

122. 黄栀花口服液

[**组成**]黄芩、栀子、金银花。大黄。

[**功用**]清热泻热。用于小儿外感热证,症见发热头痛、咽赤肿痛,心烦、口渴、大便干结、小便短赤。小儿急性上呼吸道感染见上述证候者可用之。

123. 健儿清解液

[**组成**]金银花、菊花、连翘、山楂、苦杏仁、陈皮。

[**功用**]清热解毒、消滞和胃。用于咳嗽咽痛,食欲减退、脘腹胀痛。

124. 小儿肺热咳喘颗粒(口服液)

[**组成**]麻黄、金银花、板蓝根、连翘、麦冬、生石膏、知母、鱼腥草、黄芩、甘草。

[**功用**](1)颗粒:清热解毒、宣肺止咳、化痰平喘。用于小儿风热犯肺所致的感冒、咳喘,症见发热、咳嗽、咳痰、气急、喘促、支气管炎、喘息性气管炎、支气管肺炎属痰热壅肺者可用之。

(2)口服液:清热解毒、宣肺化痰。用于热邪犯于肺口所致发热汗出,微恶风寒、咳嗽、痰黄,或兼喘息、口干而渴者。

125. 小儿咳喘口服液

[**组成**]金银花、麻黄、黄芩、石膏、连翘、苦杏仁等。

[**功用**]清热解毒,止咳祛痰,宣肺平喘。常用于风热壅肺所致的发热、痰多而稠,或喉中痰鸣、口渴、眼部红肿、小便黄少,大便不畅,舌苔薄白或黄,脉浮数或滑数。喘息型呼吸道感染、急性支气管炎、轻型支气管炎等见上述证候者可用之。

126. 小儿清肺消炎栓

[**组成**]人工牛黄、大黄、忍冬叶、黄芩、连翘、水牛角、竹叶、浙贝母、青礞石、石膏、甘草。

[**功用**]清热解毒,化痰止咳。用于外邪犯肺,肺热熏蒸,痰浊内生,阻塞气道,不能宣通所致的咳热、气道喘促,喉间痰鸣,胸满气粗,烦渴而赤,或发热神呆,昏迷惊厥等症。小儿上呼吸道感染、支气管哮喘、高热惊厥等见上述证候者可用之。

127. 小儿咳喘灵口服液(颗粒、泡腾片)

本品含有金银花、麻黄、石膏、苦杏仁、板蓝根、甘草成分,具有宣肺清热,止咳祛痰,平喘的功效。用于上呼吸道感染引起的咳嗽。

128. 苍苓止泻口服液

[**组成**]苍术、茯苓、金银花、柴胡、葛根、黄芩。

[**功能**]祛湿清热、运脾止泻。用于湿热所致的小儿泄泻,症见水样或蛋花样粪便或夹有黏液,不发热或发热腹胀、舌红、苔黄等。小儿轮状病毒性肠炎属上述证候者可用之。

129. 小儿紫草丸

[**组成**]金银花、紫草、青黛、羌活、西河柳、升麻、琥珀、石决明、朱砂、牛黄、甜地丁、菊花、玄参、浙贝母、乳香、没药、甘草、冰片。

[**功用**]透疹解毒。用于麻疹初起发热、微恶寒、鼻塞流涕、

喷嚏、眼睑红赤、疹毒内盛不透、发热咳嗽、小便黄少等症。

130. 步长脉利通

据步长公司公布步长脉利通的配方，在其18味中药中，含有忍冬藤成分，其功效在于通络。该药适用于：脑梗死、脑血栓、脑出血后遗症、中风偏瘫、冠心病、肺体麻木、失语、老年性痴呆、血稠血粘、动脉硬化等。

131. 妇乐颗粒

[**组成**]忍冬藤、大血藤、川楝子、延胡索（制）、大黄（制）、甘草、大青叶、蒲公英、牡丹皮、赤芍。

[**功用**]妇科用药。清热凉血，活血化瘀，消肿止痛。用于妇女湿热下注所致的带下量多，或伴有小腹隐痛。

132. 洁尔阴洗液

妇科外用药。含忍冬藤。具有清热燥湿，杀虫止痒的功效。

133. 盆炎净颗粒

[**组成**]忍冬藤、蒲公英、鸡血藤、益母草、狗脊、车前草、赤芍、川芎。

[**功用**]清热利湿，和血通络，调经止带。用于湿热下注，白带过多。

134. 金银花露

[**处方组成**]单味金银花

[**来源**]清代·《本草纲目拾遗》。

[**组方分析**]本方主用于热毒蕴结症，由单味金银花组成。

[**剂型与规格**]露剂，每瓶500毫升。（相当于金银花31.25克）。

[**性状**]本品为无色透明的液体，气味芳香。

[**药理研究**]主要有抗菌、抗病毒、解热作用。

[**功能与主治**]清热解毒,用于暑热口渴、疮疖,小儿胎毒。

注意事项:气虚,有疮疖脓溃者忌服。

135. 忍冬酒

[**组成**]忍冬藤、大甘草节

[**功效**]治痈疽发背,不问发在何处,发眉发颐,或头或项,或背或腰,或肋或乳,或手足,皆有奇效。

[**来源**]明代·《本草纲目》

136. 藤花酒

[**组成**]鹭鸶藤(茎叶花附)、黄芪、甘草(生)、栝楼根各半两。

[**功效**]补虚托毒,理气活血,治痈疽瘀毒,内附筋骨。

[**来源**]明代·《普济方》。

137. 藤黄煮酒

[**组成**]忍冬藤2两,生地黄(干者)1两。

[**功效**]治痈、疽、恶疮,深附骨在腹,虽肿皮肤不热,颜面危恶,或瘘或疳,妇人乳疽,一切血气不和,留畜疙疽挛皮于筋骨,不能行者。

[**来源**]明代·《普济方》。

第九节　方剂品汇

以金银花配伍的经方、时方药剂很广泛,很多已经国家认可成为批量生产的中成药,上节我们已介绍了137种。但更多的验方、土方和单方,也是我们民族很宝贵的非物质文化遗产,非常有必要收集整理成册,以备应用,甚至是纪念。

对待古方、经方、验方以及土方、单方、偏方的态度,清代学者纪昀在其《阅微草堂笔记》中的观点值得借鉴。他说:“国弈不废旧谱,而不执旧谱;国医不泥古方,而不离古方。”一切都在继承与创新、继往而开来的与时俱进之中,用之者都必须遵从医嘱或切合自身实际而实验之。

本节方剂品汇,既有金银花方剂,也包括忍冬藤以及银花子药剂方在内,按其应用及治疗病症大体分为26类,共128方。笔者之分法不一定科学、完善,只为查找使用方便,仅供读者借鉴。

1. 预防、治疗四时外感、发热口渴,或兼肢体酸痛者

方①,金银花30克,水煎服,代茶饮。

方②,忍冬藤(带叶或花)干者1两,鲜者3两,煎汤代茶频饮(《泉州本草》)。

方③,金银花30克,薄荷60克,麦冬10克,鲜芦根30克。

方法是煎金银花、芦根、麦冬,沸后煮15分钟再放入薄荷,煮约2分钟后取汁液,调入冰糖。服用每日1剂。

方④,金银花15克,菊花10克,茉莉花3克。用沸水冲泡,代茶饮。平素火气大者,常饮用可起到降火功效。

方⑤,金银花、菊花、山楂各10克,蜂蜜100克,加适量清水煎煮,30分钟即成,滤出药汁饮服,可治暑热头痛,心烦口渴。

方⑥,金银花60克,山楂20克,煎水代茶饮。

方⑦,金银花30克,麦冬10克,甘草5克。沸水冲泡代茶饮。可解声音嘶哑,咽喉疼痛。

方⑧,金银花、麦冬、桔梗各50克,水煎,代茶饮。

方⑨,预防感冒:荆芥9克,防风9克,羌活6克,独活6克,柴胡9克,前胡9克,川芎9克,枳壳12克,桔梗9克,茯苓12克,半夏9克,银花10克,连翘10克。体质虚弱者可加黄芪

15 克，白术 10 克。每日 1 剂，水煎，服用 2 次。

（《现代健康报》）2002 年 12 月 4 日，邢冬梅）

方⑩，预防中暑：金银花 5 克，麦冬 12 克，薄荷 3 克，杭菊 5 克，甘草 3 克。沸水泡代茶饮。

方⑪，银竹解毒防暑露：金银花、菊花、淡竹叶各 50 克，一同放入锅中加入清水适量，煎煮 15 分钟后过滤取汁，加入适量鲜蜂蜜当茶饮。此露具有清热解毒，明目除烦，清心热、利小便之效。暑热宜常饮。

方⑫，预防中暑：金银花、白菊花、玫瑰花各 6 克，麦冬、五味子各 10 克，酸梅 120 克。

方法：先将酸梅加水煮烂，然后再将上述药物和入水中煮沸，去渣后再调入适量冰糖或白糖，待凉后代茶饮，治疗暑热感冒很有效。

方⑬，预防中暑：银翘小柴胡汤

张仲景小柴胡汤的原方为：

柴胡八两、黄芩三两、人参三两、炙甘草三两、生姜三两、半夏半升、大枣十二枚。

马有度变通用法是用党参代替人参，在原方基础上加金银花 30 克，连翘 30 克，用于外感半表半里证而发热、痰黄、尿黄等热象显者。

（马有度《感悟中医》人民卫生出版社，2009 年 9 月第 2 版）

2. 预防乙型脑炎、流行性脑脊髓膜炎

方①，金银花、连翘、大青根、甘草各三钱。水煎代茶饮，每日 1 剂，连服三至五天。（《江西草药》）

方②，金银花、大青根、芦根各 9 克、水煎代茶饮，每日 1 剂，连服三—五天。

3. 抗菌消炎

方①，咽喉炎：金银花 15 克，生甘草 3 克。水煎后含漱；或银花、野菊花各 15 克，水煎服。

方②，中耳炎：金银花、败酱草各 25 克，白芷 8 克，防风 10 克。水煎服，每日 1 剂，分 2 次服用。

方③，急性中耳炎：金银花 20 克，连翘 15 克，紫花地丁 20 克，黄连 10 克，夏枯草 30 克，赤茯苓 20 克，柴胡 30 克，黄芩 12 克，龙胆草 15 克，生大黄 2 克。水煎服，每日 1 剂，早、晚服用，至痊愈为止。

方④，腮腺炎：金银花、蒲公英各 25 克，甘草 15 克。每日 1 剂，水煎服。

方⑤，腮腺炎：金银花 30 克，连翘 15 克，板蓝根 15 克。水煎服，每日 1 剂，至痊愈为止。

方⑥，急性扁桃体炎：金银花 10 克，射干 10 克，山豆根 6 克，牛蒡子 6 克，生甘草 3 克。水煎服，每日 1 剂，至痊愈为止。

方⑦，急性扁桃体炎：金银花 20 克，连翘 15 克，紫花地丁 15 克，赤茯苓 15 克，黄芩 10 克，马勃 10 克，桔梗 8 克，薄荷 8 克，夏枯草 15 克，丹皮 10 克。若热毒炽盛，扁桃体化脓者，加玄参、野菊花、射干各 10 克。水煎服，每日 1 剂，至痊愈为止。

方⑧，急性扁桃体炎：金银花 20 克，甘草 3 克。水煎服每日 1 剂。

方⑨，急性扁桃体炎：金银花、连翘各 25 克，玄参、石膏各 30 克，山豆根 15 克，黄连、牛蒡子、酒大黄、黄芩各 9 克，桔梗、甘草各 10 克。

每日 1 剂，水煎，分服 3 –4 次。儿童剂量酌减。

方⑩，口腔炎：黄连 6 克，黄芩 10 克，生地 6 克，赤芍药 8

克,石斛8克,牡丹皮9克,栀子6克,金银花10克,石膏12克,竹叶10克,甘草5克。

服法:每天1剂,水煎,煎两次后混合,分三次服用。

(《医药卫生报》2002.12.03,庄志江、姚纯杰)

方⑪,舌炎:金银花、夏枯草各9克。水煎当茶饮用。

方⑫,胃炎牙痛:金银花15克,白芷6克。水煎服,每日1剂。

方⑬,鼻窦炎:单用金银花9克,将其研为细末,取少许吸入鼻中,1日数次。

方⑭,顽固性鼻渊:鼻渊指鼻流浊涕,如泉下渗、量多不止为主要特征的鼻痛,常头痛、鼻寒、嗅觉减退、鼻窦区疼痛,久则虚眩不已。是鼻科常见病、多发病之一,相当于西医的鼻窦炎症性疾病中的慢性鼻窦炎。

主方:苍耳子10克,辛夷10克,菊花10克,薄荷(后下)6克,连翘10克,白芷10克,金银花15克,当归10克,川芎6克,生地黄10克,白芍15克,细辛3克,蝉蜕6克,丝瓜络30克,炙甘草6克。

加减法:风寒初起加荆芥,防风;内有伏火者加玄参、栀子、黄芩;咳嗽者加百部、苦杏仁;头痛者加蔓荆子,藁本;久病体弱者合同补中益气丸。

功能:祛风散寒,芳香开窍。

(《中国民间疗法》2013第3期　王全周)

方⑮,眼疾(结膜炎、角膜炎、角膜溃疡)与白内障防治:

用金银花汁配制眼药水,每日3-4次适量点眼几滴,至痊愈为止。

防治白内障方:金银花藤一把,桑叶、枸杞20-30克,身体弱者还可加西洋参。沸水泡茶饮,枸杞可食用。

(《益寿文摘》2013年第3期)

方⑯，急性角膜炎：金银花20克，连翘15克，野菊花15克，紫花地丁15克，黄连10克，夏枯草20克。

服用，每日1剂，水煎好后分三次服用，大便干燥者加大黄5－10克。

方⑰，急性角膜炎：金银花、板蓝根、大青叶各15克，羌活、黄连、黄芩、黄柏、栀子、野菊花、决明子各10克，荆芥、防风、生甘草各6克。水煎服，每日1剂。一般服用4－6剂。

方⑱，治初期急性乳腺炎：银花八钱，蒲公英五钱，连翘、陈皮各三钱，青皮、生甘草各二钱。上为一剂量，水煎二次，并分二次服，每日一剂，严重者可一日服两剂。

(《中医药大辞典》"金银花")

方⑲，急性乳腺炎：金银花、野菊花、海金沙、马兰、甘草各10克，大青叶30克。每日1剂，水煎服。

方⑳，急性乳腺炎：金银花20克，连翘、紫花地丁、赤苓、路路通、天花粉各15克。若乳汁不通，乳房胀者，加穿山甲，王不留行各10克；高热烦渴者，加生石膏10克，知母30克；大便干结者，加生大黄、芒硝各10克。

每日1剂，水煎服，至痊愈为止。

方㉑，大叶性肺炎初起：金银花30克，杏仁、桔梗、连翘、牛蒡子、薄荷各6克。重症时金银花用量可达到60克。水煎服，1日1剂。

方㉒，传染性肝炎：银花藤60克。水煎服，每日1剂，15天一个疗程。休息1－3天后，据病情需要还可再服用。

方㉓，急性黄疸型肝火：金银花20克，连翘15克，川黄连10克，丹皮15克，紫花地丁15克，赤茯苓20克，柴胡15克，茵陈30克，板蓝根12克，生大黄6克。

若腹胀便溏湿重者,加苍术、厚朴各12克;有表症者,加藿香、佩兰、豆豉各12克;寒热往来加黄芩10克。

水煎服,每日1剂。

方㉔,湿热黄疸:单用忍冬藤60克。加水为1000毫升,煎至400毫升后服用。每日1剂,早、晚各服1次。

方㉕,治黄疸三要则:活血、解毒、化痰。

证属湿热中阻(偏于中上二焦)、瘀阻发黄(阳黄),治以清热利湿、芳香化浊、活血、化瘀、退黄。

处方:茵陈90克,黄芩10克,当归尾6克,金银花30克,蒲公黄30克,藿香10克,佩兰10克,泽兰15克,赤芍药15克,小蓟15克,杏仁10克,橘红10克,香附10克,车前子10克,六一散10克。以上方为主,水煎服一个半月,每日1剂。

功效:黄疸尽退,胆红素0.3毫克,谷丙转氨酶15.4单位,麝浊2单位,临床痊愈。

(《中国中医药报》2013.06.25,赵伯智)

方㉖,风湿热痹:忍冬藤30克,豨签草12克,鸡血藤15克,老鹳草15克,海风藤12克。

每日1剂,水煎服。

方㉗,风湿性关节炎:忍冬藤一两,豨签草四钱,鸡血藤五钱,老鹳草五钱,白薇四钱。水煎服。

(《山东中药》)

方㉘,风湿性关节炎:银花藤9克,桑枝9克。水煎服。

方㉙,治急性痛风性关节炎。

处方:金银花、土茯苓各20克,玄参、猪苓、甘草各12克,泽泻、白术各10克,当归,桂枝各6克。

用法:水煎服,日1剂,分3次服,5天为一个疗程,

方解:方中金银花甘寒入心,善于清热解毒,故重用为主

药;方中取土茯苓除湿,解毒,通利关节之功;当归活血散瘀;玄参泻火解毒;甘草清解百毒,又能活血散瘀。现代研究表明,此方具有镇痛、抗炎、抗凝作用。

(摘要自《医药星期三》2013.11.13,何卫东)

方㉚,急性阑尾炎:金银花 90 克,当归 60 克,生地榆 30 克,麦冬 30 克,玄参 30 克,黄芩 6 克,薏米仁 5 克,甘草 10 克。水煎服,每日 1 剂。

方㉛,急性阑尾炎:金银花 30 克,连翘 15 克,紫花地丁 30 克,丹皮 15 克,川连 10 克,赤茯苓 20 克,桃仁 2 克,大黄 8 克。

气滞胀痛明显者,加木香、玄胡各 12 克。

水煎服,每日 1 剂。

方㉜,急性阑尾炎:金银花 60 - 90 克,蒲公英 30 - 60 克,甘草 9 - 15 克。每日 1 剂,水煎服。

此方可用于急性单纯性阑尾炎的辅助治疗。

方㉝,骨髓炎:金银花一两,积雪草二两,一点红一两,野菊花一两,白茅根一两,白花蛇舌草二两,地胆草一两。水煎服。另用女贞子、佛甲草(均鲜者)各适量捣烂外敷。

(《江西草药》)

方㉞,骨髓炎:金银花 30 克(或忍冬藤 60 克),连翘 25 克,地丁、野菊花、野葡萄根各 15 克,黄芩 10 克,丹皮 6 克。每日 1 剂,水煎服。

方㉟,血热型慢性肾盂肾炎:金银花 30 克,白茅根 30 克,海金沙 30 克。

水煎服,每日 1 剂,7 天为一疗程。

方㊱,热毒型慢性胆囊炎急性发作:金银花 15 克,大青叶 30 克,野菊花 15 克。

水煎服,每日 1 剂。

方㊲，热毒型慢性胆囊炎：慢性胆囊炎中表现热结血瘀症状，协痛如刺，持续不解，入夜尤甚，痛引肩背，疼痛部位可触及积块，胸腹胀满，黄疸不退，寒热时发，便秘尿黄，舌质紫黯，唇舌有瘀斑，脉弦数。

法则：活血化瘀、清热攻下。

方药：金银花30克，连翘30克，菊花15克，虎杖12克，蒲公英30克，地丁20克，红花12克，桃仁12克，三棱12克，莪术12克，大黄6克，柴胡12克，金钱草30克，甘草6克。

水煎服。

（《当代健康报》2013.07.11，曹元成）

方㊳，治龟头炎：金银花、防风各6克，黄柏3克。

以沸水冲泡，代茶饮用，直至味淡。每日1剂。本方清热疏风，解毒利湿，对龟头红肿、瘙痒、刺痛有效。

龟头炎是男性常见疾病，中医治疗龟头炎，具有标本兼治的特点。

方㊴，急性盆腔炎：金银花30克，土茯苓15克，牡丹皮10克，通草6克，大黄5克，白鸡冠花5克。

水煎服，每日1剂。

方㊵，血栓闭塞性脉管炎（中医属“脱疽”、“脉痹”等症）：金银花配牛膝，用量为15－20克。水煎成汁加糖代茶饮。

方㊶，血栓闭塞性脉管炎：银花90克，人参10克，黄芪30克，当归30克，牛膝30克，石斛30克。水煎汤服。

方㊷，银花90克，玄参90克，当归60克，甘草60克。水煎汤服。

方㊶、方㊷为清代名医傅青主在其《青囊秘诀》中针对脚疽而记录的两个验方。方㊷名为四妙勇安汤。

方㊸，嗓子干痛：金银花3克，胖大海1枚，罗汉果5个，菊花3

朵,麦冬5个。泡水喝。清热利咽,养阴生津。春季上火嗓子干痛不爽等症。

(《现代健康报》2013.03.22,韩彬)

方㊹,嗓子干痛:金银花50克,桑叶50克,黄菊花50克,蜂蜜500克。将桑叶、金银花、菊花择净,用水泡洗后一起放入锅中,加清水适量,用文火煎熬半小时,滤出药汁。将蜂蜜倒入干净的锅中,用文火加热保持微沸、炼熬至粘手成丝时,缓缓倒入药汁内,搅拌均匀。待蜂蜜溶化后,用纱布过滤即成。

味甘,性平和。清热、补中、解毒、润燥、止痛。随时饮用,及时清除“内热”。

(《盖寿文摘》2013年3月1日)

4. 治高血压病

金银花、菊花各25克,开水冲泡,代茶饮用。坚持饮服。

5. 夏季喘证

金银花30克,连翘、香薷、滑石、银杏各15克,厚朴、白术、桑白皮各20克,炙麻黄、半夏、苍术、杏仁各10克,地龙20克,甘草6克。水煎服,每日1剂。

(《医药卫生报》2003年7月3日,王国华、薛晓彤)

6. 热盛食滞型高脂血症

金银花12克,山楂10克,何首乌10克。水煎服,每日1剂。

7. 泌尿系统疾病:泌尿系感染、小便频数,尿道疼痛、热涩不利

方①,金银花、天胡荽、金樱子根、白茅根、海金沙藤和15

克。水煎服，每日 1 剂。

方②，金银花 15 克，车前草、旱莲草、益母草各 30 克，每日 1 剂，水煎服。可治泌尿系统感染。

方③，四金小柴胡汤

小柴胡汤原方：柴胡八两、黄芩三两、人参三两、炙甘草三两、生姜三两、半夏半升、大枣十二枚。

加金银花 30 克，金钱草 30 克，海金沙 30 克，鸡内金 12 克。治疗尿路感染和尿路结石。

（马有度《感悟中医》人民卫生出版社，2009 年 7 月第 2 版）

方④，尿痛、尿频：金银花 60 克，白糖 120 克。水煎或同蒸，其汁频饮。

8. 刀伤

鲜金银花叶适量，捣烂敷于烂处。或研末后撒于患处。

9. 胆道或伤口感染

金银花 30 克，连翘、黄芩、大青根、野菊花各 15 克。水煎服，每日 1 剂。

（《江西草药》）

10. 预防呼吸道感染方

方①，金银花、贯众各 60 克，甘草 20 克。

水煎浓缩至 120 毫升，喷入或滴入咽喉部位。每次 2 毫升，每天数次。

方②，金银花 15 克，甘草 3 克。

水煎汁含漱，清洁口腔，控制炎症。

11. 筋骨疼痛、四肢麻木、腰膝瘫软、步履艰难、偏瘫、口眼歪斜等症

生川乌10克,生草乌10克,川牛膝20克,怀牛膝20克,当归20克,白芍20克,生地20克,熟地40克,川芎5克,生杜仲15克,金银花30克,桑寄生15克,羌活、独活各30克,牛胫骨20克,红花20克,粮食白酒1000毫升,红糖100克。

制作:前16种药碾为细末,装入纱布袋内。白酒与红糖混合搅匀后,将药袋放入糖酒内浸泡、密封。

浸泡密封的时间,夏季10天,冬季20天;春、秋季均为15天。

服用:每日早、晚各服一盅(15－20毫升),平日不饮酒者酌减。

12. 治猪囊虫病

金银花4克,山甲珠30克,大贝母40克,川芎30克,半夏40克,枣仁40克,陈皮40克,皂刺30克,乳香30克,没药30克,赤芍30克,当归45克,黄芪30克,柴胡30克,牡蛎60克,昆布40克,槟榔40克,雷丸30克。

制作:18味药共研细末,炼蜜丸,每丸10克,每日服3次,每次服1丸。

13. 湿疹、麻疹类疾病

方①,湿疹:金银花叶60克,千里光60克,艾叶160克。煎汤外洗用。

方②,荨麻疹:鲜金银花30克(或干金银花50克),水煎服,每日1剂,3次服用。

方③,出血性麻疹:金银花、紫草、赤芍、丹皮、生地各10克,生甘草5克。水煎服,每日1剂。

方④，手足口病：临床表现，手、足、口等部位出现丘疹、疱疹、发热或无发热、倦怠、流涎，咽痛，纳差，便秘、舌质淡红或红，苔腻，脉数，指纹红紫。

[**处方组成**]甘露消毒丹加减：

黄芩，藿香，连翘、金银花、滑石、牛蒡子、佩兰、白茅根、生薏米、通草、青蒿、生甘草。

用法用量：根据患儿的年龄、体重等酌定药物用量，日1剂，水煎100－150毫升，分3－4次口服。

[**功能**]清热解毒，化湿透邪，适用于普通型脾肺湿热证。

（《中医药治疗手足口病临床技术指南》（2012年版），摘自《民族医药报》2012.07.06）

14. 银屑病

白蘚皮30克，金银花40克（单煎），连翘15克，土茯苓30克，生地30克，白茅根50克，苦参15克，防风10克，地肤子15克，丹参15克，鸡血藤25克，当归15克。

水煎。先煮沸后改为文火，继续煎20分钟。每剂药可煎2次。

方中金银花宜单煎，煮沸后再煎10分钟，然后滤汁加入前汤药中。

两药汁合入后服用。

加减：银屑病是一种顽固性皮肤病，多呈慢性病变过程。故治疗一般以3个月为一疗程，一定要坚持治疗，不可中断，以冀全功。

使用本方时，如血热盛者，加紫草15克、生槐花30克，黄芩10克；挟有湿邪者，加茵陈20克、生黄柏15克，薏苡仁20克；血瘀重者，加赤芍15克，红花10克，莪术10克；如风盛痒甚者，加刺蒺藜30克,乌梢蛇15克,牛蒡子15克;若皮损头部甚者,加全蝎10克(研末分服)、川芎10克,蒿末10克;若久病阴血方虚,内燥甚者,加玄参20克,生首乌20克,熟地20克,生黄芪15克。

(《人民保健报》2003.07.25)

15.解诸毒方

方①,解毒蕈(有毒蘑菇)中毒:鲜金银花的嫩叶茎用冷开水洗净后捣烂取汁服,或嚼细服下。

(《上海常用中草药》)

方②,解毒蕈:金银花30克,甘草15克。水煎服。

方③,解农药(1059、1605、4049)等有机磷制剂中毒:

银花二至三两,明矾二钱,大黄五钱,甘草二至三两。水煎冷服,每剂作一次服,一日二剂。

(徐州《单方验方新医疗法选编》)

方④,一氧化碳中毒:金银花30克,生萝卜600克。水煎,加红糖适量服用。

方⑤,砒霜中毒:崗梅鲜根120克,鲜金银花60克。水煎服。

16.治乳岩积久增大,色赤出水,内溃深洞

金银花、黄芪(生)各五钱,当归八钱,甘草一钱八分,枸橘叶(即臭橘叶)五十片。水酒各半煎服。

(《竹林女科》银花汤)

17.治热淋

方①,金银花、海金沙藤、天胡荽、金樱子根、白茅根各一两。水煎服,每日1剂,三至七天一疗程。

（《江西草药》）

方②，治疗小便热淋：蒲公英、忍冬藤、车前草各 18 克，黄芩、金银花、土茯苓、萹蓄、滑石各 12 克，甘草 3 克，水煎服。

18. 治痈疽疮疡肿毒诸症

方①，治一切肿毒，不问已溃未溃，或初起发热，并疗疮便毒，喉痹乳蛾：鲜金银花（连茎叶）自然汁半碗，煎八分服之，以其滓敷上，败毒托里，散气和血，其功独胜。

（《积善堂经验方》）

方②，治痈疽发背初起：

金银花半斤，水十碗煎至二碗，入当归二两，同煎至一碗，一气服之。

（《洞天奥旨》归花汤）

方③，治一切内外痈肿：金银花四两，甘草三两。水煎顿服，能饮者用酒煎服。

方④，治大肠生痈，手不可按，右足屈而不伸：金银花三两，当归二两，地榆一两，麦冬一两，玄参一两，生甘草三钱，薏仁五钱，黄芩二钱。水煎服。

（《洞天奥旨》清肠汤）

方⑤，深部脓肿：金银花、野菊花、海金沙、马兰、甘草各三钱，大青叶一两。水煎服，亦可治疗痈肿疔疮。

（《江西草药》）

方⑥，治疮疡痛甚，色变紫黑者金银花连枝叶（锉）二两，黄芪四两，甘草一两。

上细切，用酒一升，同入壶瓶内，闭口，重汤内煮三二时辰，取出，去滓，顿服之。

（《活法机要》回疮金银花散）

方⑦，治痈疽发背，肠痈、奶痈，无名肿痛，憎寒壮热，类若伤寒：忍冬草（去梗）、黄芪（去芦）各五两，当归一两二钱，甘草（炙）八两。

上为细末，每服二钱，酒一盏半，煎至一盏，若病在上，食后服；病在下，食前服。稍后再进第二服；留渣外敷。

未成脓者内消，已成脓者即溃。

（《局方》神效托里散）

方⑧，治一切痈疽：忍冬藤（生取）五两，大甘草节一两。上用水二碗，煎一碗，入好酒一碗，再煎数沸，去滓，分三服，一昼夜用尽，病重昼夜二剂，至大小便通利为度；另用忍冬藤一把烂研，酒少许敷四围。

（《外科精要》忍冬酒）

方⑨，治诸般肿痛，金刃伤疮，恶疮：金银藤四两，吸铁石三钱，香油一斤。

熬枯去滓，入黄丹八两，待熬至滴水不散，如常摊用。

（《乾坤生意秘韫》忍冬膏）

方⑩，治恶疮不愈：左缠藤一把，捣烂，入雄黄五分，水二升，瓦罐煎之，以纸封七层（重），穿一孔，待气出，以疮对孔熏之，三时久。大出黄水后，用生肌药取效。

亦治轻粉毒痈。

（《金居士选奇方》）

方⑪，治疮久成漏：忍冬草浸酒常服。

（《证治要诀》）

方⑫，治痈肿疮疡、红肿热痛，甚或化脓溃烂及其他痈疮疥癣、梅毒恶疮等症：金银花、连翘、赤芍、归尾、菊花、没药、乳香、天花粉、甘草各 6 克。水煎服。其中金银花一味可随证加减。

方⑬，丹毒：金银花 30 克，丹皮 15 克，生出栀 12 克。水煎服,1 日 1 剂。

方⑭,杨梅疮:金银花 30 克,甘草 6 克,黑料豆 60 克,土茯苓 12 克。水煎服,每日 1 剂。

方⑮,颌面部化脓炎症及口腔溃疡:金银花、连翘各 15 克,玄参、竹叶各 10 克。水煎服,每日 1 剂。

方⑯,以口颊、上腭、齿龈、口角溃烂为主,甚至满口糜烂者,则可用:金银花、连翘、芦根、板蓝根各 10 克。竹叶、牛蒡子、甘草、薄荷各 6 克。水煎服,每日 1 剂。

方⑰,治疗口疮常用外治法:野菊花、金银花、薄荷、生甘草各 10 克,加水 1000 毫升煎沸。待温后含漱,每次至少含漱三分钟,每日 3 –5 次。用于口疮实证。

方⑱,老年性阴茎、阴道炎及瘙痒症:用金银花浸膏涂搽患处,可解毒、杀虫、除湿、消炎、止痒。

方⑲,子宫颈糜烂:金银花、甘草等分量,共研细末。睡前,用阴道棉签蘸药粉,塞入子宫颈内患处,次日晨取出,10 天为 1 个疗程。

方⑳,宫颈癌:金银花 12 克,连翘、蛇床子、白芍、沙参、生地、熟地、茯苓、党参、鹿角胶各 9 克,败酱草、紫珠草、苡仁各 30 克,生甘草 3 克。水煎服,每日 1 剂。

方㉑,宫颈癌:金银花、石斛各 9 克,白花蛇草、马齿苋、白茅根、爵床草各 15 克。

水煎代茶饮,每疗程 30 –60 天。

方㉒,放化疗期间癌症病人出现高热和各种炎症用中药调理方:银花、板蓝根、蒲公英、连翘各 15 克 –30 克,山豆根、射干各 9 –15 克,黄连 6 –9 克。水煎服。

(《当代健康报》2003.07.03,应明春)

方㉓,疔毒、痈疮疖肿而见局部红、肿热、痛者:金银花、野菊花、蒲公英、紫花地丁各 15 克,紫背天葵子 6 克。水煎服。

功效与主治:消热解毒、消散疔疮。

源流与发展:本方源出《医宗金鉴·外科心法要诀》,是治疗疔疮肿毒的主要方剂。临证热重者加黄连、半枝莲以清热解毒;肿甚,加防风、蝉蜕以疏风消肿;血热毒甚,加赤芍、丹皮、生地以凉血解毒。

本方现代广泛用于治疗各种疔疮疖肿、乳腺炎、败血症、蜂窝织炎,骨髓炎、胆囊炎、肾炎、肺炎以及其他感染性疾病。

(《上海中医药报》2002.12.28,方明)

方㉔, 宫颈癌:(外用敷药)

[**组成**]乳香、没药各 18 克,金银花、防风各 15 克,天花粉、大黄、赤芍各 30 克,冰片 5 克。

[用法]除冰片外,将其余 7 味药均放入药罐内,加入清水浓煎取汁 150 毫升,待药汁晾凉后,把研成细末的冰片加入调匀,用药棉浸入药汁后敷于红肿疼痛的疔疮表面。每日敷药 5 -6 小时,一般 2 -3 天,疔疮就可消散。

(《健康一点通》2013 年第 7 期)

方㉕, 麦粒肿:板蓝根 50 克,金银花、紫花地丁、大青叶、蒲公英各 25 克。水煎服,每日 1 剂。

方㉖, 麦粒肿:金银花、黄芩各 20 克。水煎,每日 1 剂,分两次服用。

19. 治疗痢疾

方①, 治热毒血痢:忍冬藤浓煎饮。

(《圣惠方》)

方②, 治痢疾:金银花(入铜锅内,焙枯存性)五钱。红痢以白蜜水调服,白痢以沙糖水调服。

(《惠直堂经验方》忍冬散)

方③，热痢：银花炭30克，白芍15克，白扁豆花10克。煎汤服，每日1剂。

方④，热毒而致的发热腹痛、大便带脓血、里急后重等症者：金银花、当归、白芍、葛根、黄连、木香、白头翁、赤芍、甘草各9克。或单用银花茎藤60克，水煎服，每日1剂。

方⑤，痢疾初发：金银花15克，焙干研末。水调服。

20. 腰椎保健（金银花擦洗法）

金银花、蒲公英、皂角刺、秦艽、黄柏、牛膝、桃仁、红花、丝瓜络、地鳖虫各30克。

上药水煎沸15分钟，滤取药液。待药液温度达摄氏60度时，用毛巾蘸液擦洗患处。每次30分钟，每日2次。能清热活血、通经活络。适用于腰间盘突出症，腰部疼痛，喜凉恶热者。

（《中轴》，北京大学出版社，2008年第1版，李建军著）

21. 婴幼儿腹泻

将金银花适量炒至烟尽，研为细末，加水保留灌肠，每日2次。

半岁以下，每次1克，加水10毫升。

半岁至1岁，每次1.5克，加水15毫升。

1－2岁，每次2－3克，加水20－30毫升。

22. 忍冬藤外用临床验证方

用单味忍冬藤外用熏洗治疗痔疮、肛周红肿、肛漏前列腺炎、前列腺肿（癌）、睾丸炎、睾丸结核、下阴湿疹、鞘膜积液等症，效果较佳。

外用方法：忍冬藤100克－250克，加水浸泡20分钟（用水量视病灶大小增减），然后先用武火烧沸，再文火熬10分钟，倒入木盆，先熏蒸患处，待能下手时的药液温度，可坐澄15分钟。1日2－4次。

这个方法对于丹毒、表皮脓肿也适用。熏蒸再加外敷鲜忍冬藤，效果甚佳。

外敷方法：取鲜忍藤适量，捣如米粒大小后再外敷患处。1日2次。

总之，用忍冬藤蒸、熏、洗、外敷均可。

（《大众卫生报》2004.08.04，何华生）

23.痔疮及擦烂红斑药剂方

方①：［组成］金银花、蒲公英、白菊花、艾叶、芒硝各30克、花椒、五倍子各20克，苍术、防风、侧柏各15克，葱白6根。

［用法］加清水1500毫升，煎沸后，把药汁倒入碗中。再加水500毫升，煎沸10分钟，去渣取汁。将两次药汁混合在一起加热烧开，倒入盆内，趁热先熏后洗患处，每次20分钟，每日1剂，熏洗2次，6日为1疗程。

［功用］治疗炎性外痔、肛管水肿、内痔脱出、血栓外痔、肛门湿疹、肛门周边脓肿。可起到清热解毒，消肿止痛。

（《家庭保健报》2013.07.18，孙平）

方②：［组成］槐条60克，艾叶、白矾、马齿苋、金银花、甘草各30克。

［用法］水煎，趁热熏洗患处，每日1次1剂。

［功用］主治痔疮，清肠化热，祛湿消肿止痛。

特别提示：清淡饮食，忌烟酒、辛辣之物。

方③：［组成］川椒、牛膝、地骨皮各9克，金银花、黄芩各18克，高良姜、细辛、荆芥各9克，芒硝30克，白芷12克，蝉蜕、防风各9克。

[**用法**]水煎,外洗患处,每日1剂1次。

[**功用**]主治痔疮。疏风祛湿,清热解毒,消肿止痛。

(《健康生活》2013年,谭艳)

方④:[**组成**]生甘草30克,金银花20克,土大黄15克。

[**功用**]治疗轻微型擦烂红斑,别名褶烂、间擦疹等皮肤炎症。水煎外洗患处,清热祛湿,止痒。

方⑤:[**组成**]金银花15克,栀子、连翘、赤芍、当归、牛膝各10克,桔梗,生甘草5克,木通、薄荷(后下)各5克。

[**用法**]水煎2次,合拼药液,分2次服用每日1剂。大便秘结者,加大黄(后下)10克;口舌生疮糜烂者,加淡竹叶6克,灯芯草3克;皮疹潮红灼热者,加牡丹皮、地榆各10克。此外,还要用方4洗剂清洁患处。

(《民族医药报》2013.07.19,朱时祥)

24.痤疮(中医称为"肺风粉刺"),(共二方)

方①:[**组成**]金银花、野菊花、紫花地丁、赤芍、丹皮、桃仁、甘草。

[**功用**]清热解毒,凉血活血。皮肤损害除丘疹以外,还有脓疮,并感疼痛,舌质红,苔黄燥,脉数有力。适用于热毒血瘀型。

方②:[**组成**]桃仁二陈汤加减:桃仁、红花、川芎、丹参、法夏、陈皮、浙贝、金银花、蒲公英、七叶-枝花、甘草。

[**功用**]活血散结,清热解毒,皮肤损害以结节,囊肿为主,舌紫红,脉弦滑。适用于血瘀痰凝型。

(马有度《感悟中医》人民卫生出版社,2009年7月第2版)

25. 首乌延寿丹

[组成]何首乌50克，豨莶草、菟丝子各15克，杜仲、怀牛膝、女贞子、旱莲草、桑叶、黑芝麻、桑葚子、金樱子各10克，金银花、生地各5克，研末制蜜丸，如梧桐子大小，每次10－15丸，每日3次。

[功用]常服须发由白变黑，耳聪目明，强腰健腿，精神充沛，可延缓衰老。

[禁忌]阳虚便泄，畏寒者慎用。

本方为明代董其昌所创，清代名医陆九芝亲身体验并推荐。

（《大众健康报》2013.06.06，光文）

26. 驱蚊药香囊配方：金银花、艾叶、紫苏、丁香、藿香、薄荷、陈皮。

本方中草药均芳香除秽，艾叶温经，紫苏、陈皮、丁香理气健脾胃，藿香防暑，薄荷透疹，金银花能清热解毒。诸药合用，能和中固表，驱除蚊虫。

应用注意事项：用于小儿驱蚊，每味药用量5克，大人用量为8克。药入囊，自制应用。

（《大河健康报》2013.05.31，戚在兵）

第十节　清热解毒第一花

金银花被马有度先生称为清热解毒第一花，我非常赞同。这篇散文刊在《益寿文摘》2011年7月16日“单方验方”栏目内。我全文转载下来，作为本章的第十节，供读者赏析。一则加深印象，认知金银花的药用价值；二可给本书干瘪的文字增色。

清热解毒第一花:金银花

夏季降临,金银花藤爬满篱架,浓绿的叶子相对而生,黄白两色的花朵成对开放,风一吹过,清香扑鼻,篱架还发出沙沙的响声,就像恋人在悄悄地说情话。金银花的藤叶即使到了严寒的冬天也不凋零,第二年夏天又开花生香,象征着爱情的纯洁和坚贞,这真是"天地氤蕴夏日长,金银两宝结鸳鸯,山盟不以风霜改,处处同心岁岁香。"由此可见,人们把金银花称为双花、二宝花、忍冬花,都很形象生动,特别是称为鸳鸯花,更是妙不可言。

人们喜爱金银花,不只是名字好听,花色好看,气味芳香,更为重要的是它的药用价值,可以防病、养生、益寿。

《本草纲目》中指出:"金银花主治寒热身肿,解毒,久服轻身、延年、益寿。"宋人张邦基在《墨庄漫录》中还讲了这样一个故事:崇宁年间,天平山白云寺里的几个和尚,误食有毒蘑菇中毒,呕吐不止,其中三个和尚急忙食用金银花,于是平安无事,而另外两个和尚却不肯服食金银花,结果双双身亡。

李时珍在《本草纲目》中强调金银花长于治疗"肿毒、痈疽,疥癣、杨梅诸恶疮。"《外科精要》也说它治疗各个部位的痈疽,"皆有奇效"。现代使用金银花煎水内服,并配合局部洗涤,治疗疖、痈、丹毒和脓疱疮,都有良好疗效。

金银花不仅长于治疗外科各种疮毒,对于内科各种热毒病症,也有良效。《本草纲目拾遗》说它:"主热毒、血痢",《重庆堂随笔》说它"解瘟疫"。现代也常用金银花治疗流行性感冒、急性扁桃体炎、细菌性痢疾等急性热病。以金银花为主要药物的银翘散，更是治疗急性感染性疾病的卓效名方。

当今药房中许多治疗热毒诸症的中成药，都把金银花作为主要药物，从药名上就可以看出来。治疗风热感冒的银柴颗粒，金银花就是位居榜首的第一要药。治疗热毒病症的双黄连口服液，这个“双”就是双花的金银花，也是排名第一的要药。至于擅长清解暑热的“金银花露”，更是直呼其名了！

金银花的名气很大，固然与其“金银”之名有关，但其根本原因还在于它的最大特长：既能清热，又能解毒，而且功效特强，可以说是清热解毒第一花。

第三章 久服轻身

金银花作为药品,它的特性及其功效价值,通过上章方方面面的论述,我们似乎对它有了全面的了解。然而还要知道的是,金银花不仅是国家法定的药品,而且更是国家认定的食品,即乃"药食同源"之品也。

那么,作为食品,金银花的特性功能又是怎样的呢?这就是本章要论述的中心问题。为此,先解释本章"久服轻身"的标题。

久者,暂之反也,恆久也。不息则为久。

服者,吃,用也。

轻身,与身重体病相对应。《史记·留侯世家》谓张良"乃学辟谷,道引轻身。"修道成仙者自然是"轻身不老"。《说文》曰:"寿,久也"久之与寿,相率表里,异名而同指者。寿必谓久,久当恒健。这是研究、论述长寿问题时必须弄明白的问题。

"久服轻身"之语不是我的杜撰,而是古代医药学家们的经典名言。我国明代伟大的医药学家李时珍在其《本草纲目》中所云:"忍冬,茎叶及花,功用皆同"。在疗病方面,它"主寒热身仲"、"散热解毒"。在摄生保健方面:"久服轻身,长年益寿。"

本章旨在论述金银花的保健养生功能,故引用古人们的经典名言作为标题,突出特征,画龙点睛。更是祝愿在金银花的认知和运用上能真正使读者朋友受益,走出自己"久服轻身,长年益寿"之路。阿弥陀佛耶。

第一节　食疗与保健

所谓食疗，就是一种服用食物以达到预防或治疗疾病的医疗保健方法。这种食疗法在古今中医药历史发展中是有充分根据的。即中医药学上的"药食同源"和"药补不如食补"的观点。自神农氏尝遍百草以来，虽然人们都晓得"是药三分毒"的常识，但在事实上，却也发现和证明有相当一部分中草药品是无毒的，是可作为食品的，堪称"医食兼优"者。而食疗法就是专指运用这类具备食品性质的物品或药品来预防或治疗疾病、保持身体健康。故此，我们必须特此提醒广大读者，一定要分清楚、弄明白，绝非任何中草药都在食疗之范围。这方面，国家中医药监管部门是有明确规定的。

金银花作为"药食同源"的食疗佳品，自古至今，都负有盛名。经传有记载，论述亦颇多。

1.《神农本草经》：(忍冬)主养生，以应天。无毒，多服久服不伤人，欲轻身益气、不老延年者，本上经。

这大概是成书于秦汉时期关于忍冬食疗养生之最早的记载，距今应在2000多年了。

2.《名医别录》："[忍冬]治寒热身肿，久服轻身长年益寿"。"忍冬，将它煮汁酿酒饮用，能补虚疗风。此既长年益寿，可常采服。但是《仙经》中很少用到它。凡易得之草，人多不肯为之，更求难得者，贵远贱近，庸人之情也。故张相公云：谁知至贱之中，乃有殊常之效，正此类也。"

《名医别录》的确是一本很特别的医药书。作者是我国南北朝时期梁武帝时期的道家人物、一代名医，人称山中黑衣宰相的陶弘景。他对忍冬的作用及研制颇有造诣，常年生活在山中，亲身验证。为此，他坚信忍冬的延年益寿作用，劝人们“可常采服”。甚至批评那些庸人之辈，只知攀贵求难，不知易得至贱之中，乃有殊常之效，正是忍冬及其金银花也。他告诉人们，什么东西，还能比给人生带来延年益寿的金银花更珍贵呢？千万不要再有“贵远贱近、庸人之情”的偏见了。

3. 隋唐时期的《千金方》和《千金翼方》，是药王孙思邈百岁之巨著，其中关于食疗有精辟的论述。他说：“夫为医者，当须先洞晓病源，知其所犯，以食治之。食疗不愈，然后命药。”这样的顺序安排，其好处就在于“食能排邪而安脏腑，悦神爽志，以资血气。”故而“善养性者，则治未病之病，是其义也。”古人所谓的治未病之病，即今之养生保健、防病于未然也。

孙思邈虽然注重食疗，但并不排斥药治。他一贯的主张是“食养药饵并重”。食药相配，药借食性，食得药力，药食同功，保健养生。

关于金银花，在其巨著中更是明确指出：“忍冬，味甘，温，无毒。主寒热身肿。久服轻身，长年益寿。”

4.《本草纲目》是中医药的百科全书。李时珍对金银花的记载非常全面，今天读来也十分令人敬佩。为此，我们不厌其烦摘要一番。

①关于花名的经典定义：“一蒂两花，新旧相参，黄白相映，故呼名金银花。”

②关于藤蔓茎叶及花姿的描述：“附树延蔓，茎微紫色，对节生叶，叶似薜荔而青，有涩毛，三四月开花，长寸许，一蒂两花瓣，一大一小，如半边状，长蕊，花初开者，蕊瓣俱白色，经二三日，则色变黄。金银花，气甚芬芳。”

③关于药用部位：“忍冬，茎叶及花，功用皆同。”

④关于药用功效:“主寒热身肿”,“散热解毒。”

⑤关于临证应用:“治痈疽发背不闻发在何处,皆有奇效。”“治诸肿毒,痈疽,疥癣,杨梅,诸恶疮等。”

⑥关于食疗保健:“久服轻身,长年益寿。”

⑦关于制剂:“忍冬酒、忍冬圆、忍冬膏等。”

5.《植物图名考》是清代吴其竣的名著,该书称,其清时“吴中暑月,以花入茶饮之,茶肆以新贩到金银花为贵”。进而还说:“忍冬花补虚、疗风。近时为解毒、治痢要药。吾太夫人曾患痢甚亟,以忍冬五钱煎浓汁呷之,不及半日即安。”

6.《本草纲目拾遗》乃是清代著作,在关于金银花的食疗方面,记载了“金银花露”的制剂方法和保健用途。指明金银花的鲜花蒸者香,干花则稍逊。花气芬郁而味甘,能开胃宽中,解暑热口渴,消毒清火,暑月以之代茶,飼小儿无痘毒,尤能散暑。

7. 清代的宫廷中视金银花为珍品,乾隆食用的所谓延寿丹就含有金银花成分。到慈禧时期,还常用金银花蒸馏液滋润皮肤。据《御香缥缈录》记载,慈禧“使用那些皱纹不再伸长或扩大,功效异常伟大”。慈禧还钟爱河南密县的“密银花茶”,每日必饮一杯。据说,“密银花茶”在 1914 年巴拿马万国博览会上获得很高声誉,因而驰名中外。

现代以来,就连“自信人生二百年,会当水击三千里”、平素最不肯吃药打针的毛泽东也讲金银花、胖大海对嗓子很有好处。

历史发展到今天,特别是改革开放,经济发展,人民生活水平提高,自身价值及其健康意识增强,食疗、滋补品等概念已不能满足人们生理、心理的需要,代之而起的保健食品、保健饮品、保健日用品及其美容化妆品便应运而生。金银花因其独特的生物化学成分如药用、食用的功能,而很快成为保健食品、饮品、化妆品和日用品的重要原料之一。含金银花成分的各种保健产品日益激增,年年都有新产品,新花样,深受人们喜爱。

为规范保健食品的生产与市场,国家卫生部和国家技术监督局于1997年2月28日公布了可用于保健食品原料名单,即食药同源药材品种目录,以及“保健(功能)食品通用标准”。同年5月1日正式实施。经过5年的实践,在2002年3月1日,又作了调整,取消“红花”一味,又增补11个品种。现共有87个品种为可用于保健食品的原料。金银花就是其中之一。

国家对保健食品的界定:“保健食品系指表明具有特定保健功能的食品。即适应于特定人群食用,具有调节机体功能,不以治疗疾病为目的的食品。”

国家标明保健食品的24种功能是:

(1)免疫调节

(2)延缓衰老和抗氧化

(3)改善记忆

(4)改善生长发育

(5)抗疲劳

(6)减肥

(7)抗突变

(8)耐缺氧

(9)抗辐射

(10)调节血脂

(11)减轻放、化疗毒副作用和辅助抑制肿瘤。

(12)改善性功能

(13)辅助降血糖

(14)改善胃肠道功能

(15)改善睡眠

(16)改善营养性贫血

(17)对化学性肝损伤有辅助保护作用。

(18)促进泌乳

(19)美容(祛痤疮、祛黄褐斑、改善皮肤水分、油分)

(20)改善视力

(21)促进排铅

(22)清咽润喉

(23)辅助降血压

(24)改善骨质疏松和增加骨密度。

在这24项功能中,金银花食品或含金银花成分的保健食用品,可在9项功能中起到不同程度的调解作用。如(1)免疫调节;(2)延缓衰老和抗氧化;(10)调节血脂;(11)减轻放、化疗毒副作用和辅助抑制肿瘤;(14)改善胃肠道功能;(19)美容,特殊是祛痤疮、祛黄褐斑;(21)促进排铅;(22)清咽润喉;(23)辅助降血压等9项。

在保健食品清咽润喉功能方面,金银花食品的出现频率比其他同类产品高达50%以上,势头非常强劲,知名度越来越高。

据《中药保健食品研制与开发》一书中几位专家的意见,金银花、枸杞子、槐花等130种中草药属于与抗衰老功能有关的植物,值得科技界大力开发研究利用。该书认为这些新资源食品将成为21世纪人类社会的新宠。

第二节 “花疗”与养生

“花疗”是花卉疗法的简称。具体说来，就是通过躬亲种花养草，赏花色，闻花香，选择花卉，寓花于膳等方式防病治病，促进康复。这是一种崇尚天然的纯自然疗法。绝非所谓的“小资”情调也。

更有趣者，可通过以花为题材写诗填词、谱曲歌唱、收集花诗花语、典故逸事等方法，修身养性、保健养生。

花者，宜赏、宜嗅（闻）、宜诗、宜歌、宜茶、宜酒、宜食、宜药，更宜赠送亲朋好友，慰问病难者，敬献师尊者，纪念逝者。花儿，无时无刻不在抚育我们的心灵，伴随着我们的生活。现代的人们，越来越深刻体验、认识到，鲜花就是美好，鲜花就是友情、深情，鲜花就是人们温馨幸福的象征，鲜花更是人们热爱生活、珍惜生命、追求幸福、勇敢走向未来的希望。记得在经历了“文革”劫难后的 20 世纪 70 年代末，一代伟人，时任党和国家主要领导人的胡耀邦，在一次会议上讲过一束玫瑰花的故事。他说，曾在纳粹德国统治下的一个欧洲国家里，一天一位政治家在乡间，看到满目凄凉的原野上，一家小屋里的桌面上，小小的花盆里竟然静静地开放着一枝红玫瑰。于是这位政治家感悟到这个国家这个民族仍然大有希望。因为他们的人民仍然热爱生活，充满希望。

在万紫千红的花卉世界里，金银花虽不比牡丹的国色天香，也不如芍药妖艳无格，但它柔嫩纤细、黄白相映、暗发幽香的真情实意却令人“嗅味独堪亲”、“同心岁岁香”。它带给人们的信息就是光明和希望，幸福和安康。

首先,表现在花姿色泽的观赏上。金银花也和千奇百态的花卉一样,虽谈不上多么美丽,但却很秀雅,观赏会给人的感官带来美好的享受,心理愉快,生理健康,身心裨益。当你置身于花丛中,就更会觉得轻松惬意、精神一新,犹如饱吸了一剂营养液。在紧张之余,若能徘徊于花木之间,尽情欣赏花姿风韵,悦目怡神,驱散疲劳,自然会快乐无比。所以古谚云:“常在花间走,活到九十九。”“赏花乃雅事,悦目又增寿。”“花中自有健身药,以花为伴寿自多。”唐代李商隐诗云:“借问健身何物好,天心摇落玉花黄。”宋代苏辙则赞赏金银花、菊花等可健身。其诗曰:“南阳向菊有奇功,潭上居人多老翁。”清代医家吴尚先在其《外治医说》中对“花疗”有非常中肯的评论:“七情之痛也,看花解闷,听曲消愁,有胜于服药者矣。”“花疗”者,及饱眼福,提神志,专心境也。

第二,嗅花香。花香沁人心脾,净化心灵,有利健康。科研表明,各种花香一般都由数十种挥发性合成物组成,含有芳香族物质酯类、醇类和醛类等,刺激人们呼吸中枢,促进人体吸进氧气,排出二氧化碳,充沛大脑氧气供给,保持较长旺盛精力。据测定空气中1:10000的丁香酚(花气成分之一),就能有效地控制葡萄球菌,痢疾杆菌和真菌的生长,从而起到净化空气的作用。故而花香还可美化、净化环境。

金银花的化学成分分析检验证明含有30多种挥发油,如芳樟醇、丁香酚、双花醇等。固此其花香不仅能调节人的神经系统,使人闻香愉快,心情舒畅,进而促进血液循环、增强免疫力。而且其香味,还能使高血压病人的血压下降。当你怒火烧燃时,如能走进鲜花草木之中,袭人的香气、充满负离子的环境,很快会使你的心平静下来,血压逐渐趋于正常。古人认为,金银花等花的香气不仅能“解秽气”,而且闻之者醒神,开心开胃,调节情志。

第三,花食。花食乃以花为食也,即食用可食之花而已。所谓可食之花,均为国家规定的“食药同源”的87种范围内的品种,在此范围内的花卉植物,根本无毒性的花朵才可食也。金银花是完全符合标准的食用花卉之一,其他如菊花等也只有10种之多。

一般来说,各种无毒之鲜花,不仅五彩缤纷,芳香宜人,而且品味特佳、营养丰富。其花朵乃植物体中新陈代谢最旺盛的器官,所含营养成分丰富,还具有多种生物活性物质,如酶、激素以及芳香物质黄酮类、胡萝卜素类等物质。具体对金银花而言,还含有丰富的氨基酸和可溶性糖,自然是食用佳品,养生必需。

在《康体养生必备植物》一书中,编著者杨小灿等将金银花的康体养生指数标明为“四星级”,论述了金银花的五大功效:净化、杀菌、抗炎、药用、食用以及预防高血脂、降低胆固醇的作用。足见其价值之高,康体养生者不能不备也。

那么,花怎么食呢?其方式方法大体有三方面。

一曰花膳。即用金银花等可食性植物花卉烹调而成的食品。为蔬、为粥、为粉,亦可生吃,清香可口,色、香、味、形、营养俱佳。本章下一节“药膳与药酒”专讲配方制法。

二曰花茶。俗语说:“上品饮茶,极品饮花。”在中国,人们经常饮用的花茶,一是茉莉花,二是菊花,三就是金银花了。

花茶对身体的益处,不仅来自其有益健康的有效成分,其真正的魅力还在于观赏价值、花的香气及冲泡、品味花茶的过程。慈禧爱观赏密银花冲泡时在水中的亭亭玉立;毛泽东说常喝金银花茶对嗓子有好处。花茶嘛,色、香、味、形的特点,自然对人的心理、生理都有裨益。

三曰花露。多为蒸馏后之露水。除此之外，还有现代工业生产的金银花食用品，我们也有专门一节介绍。

第四，花卉美容养颜。当前来说，这还是一个比较时尚的趋向。进入21世纪以来，观全球的人们对科技时代的美好及其局限，以及带来的问题，认识越来越清楚了。回归自然在诸多方面成为一种时尚。特别是在美体美容方面，现代女性们也终于回头向天然中寻求真正的良药良方，花香护理自然成为美容时尚。

花卉是植株之精华，所含养分比茎叶多出许多倍。这些养分被人体吸收后，能促进人体的新陈代谢，补充人体能量，调节人体生理机能。而在香花中还具有多种生物功能的天然活性成分，在杀菌消炎、理气解郁、开窍醒脑、活血化瘀、降脂降压、增强免疫力等方面具有独特疗效。尤其乃娇艳的花瓣，质轻上达，可令气血上荣于面，润泽滋养皮肤，美丽天成，不留后遗症。

现代研究表明，金银花是排毒养颜的佳品。尤其在清除面部痤疮方面有特效。金银花含有木樨草素、皂苷、鞣质等成分。其中，木犀草素是其具有祛痘功能的有效成分。它具有很强的渗透能力，能够渗入毛孔，抑制和杀灭各种细菌，防止皮肤发生感染；还能防止毛囊皮脂腺的导管因发生角化而堵塞，从而促进皮脂的正常排出，预防皮脂淤积于毛孔中而形成痤疮。近些年风靡西方及港台地区的香熏护理，就是从花卉中提取精油或香水，用于SPA疗法，通过按摩、吸入、热敷、浸泡、蒸熏、使芳香精油快速融入人体血液及淋巴液中，可以加速体内新陈代谢，促进细胞再生，增强免疫力，进而调节人体神经系统、循环系统、内分泌系统、肌肉组织、消化系统及排泄系统等。

花卉在驻颜养生方面，还可以将天然药用植物花或花蕾制成香枕，使有效成分在安睡中缓缓吸入人体，能调节荷尔蒙平衡，润泽滋养皮肤，养心降压，镇静安神，净化血管，清除肝脏毒素，增强机体免疫力。据研究资料显示，天竺花能镇静神经，促进睡眠，而菊花、金银花可使人舒心畅志，利于高血压者血压下降等。早在我国的三国时期，名医华佗就创造过“秀枕”、“香囊”，以疗疾病。唐代杨贵妃用芳香花卉“浴足”以疗其汗脚。清朝慈禧则用金银花蒸馏液美容，以抗衰老。

现代中医睡眠养生医学研究也证明，用金银花、菊花、绿豆衣、夏枯草合装作枕芯，可防治高血压，长久保健，有益身心。值得说明的是，枕芯的药料花卉要在 2－3 个月更换，晾晒，以防发霉变质。

第五，花卉种养。这也是“花疗”养生的一种重要方式。人们通过种花养草，参加劳作，或浇水灌溉，或除草施肥、修剪枝条等，既活动筋骨，又沐浴阳光雨露；既观时节鲜花怒放，又常看草木茁壮成长。乐在其中，益于养生。

在西方，将这种方式称为“园艺疗法”或“森林疗法”。在里海沿岸的阿塞拜疆首都巴库，前苏联时期，就建立了世界上第一所“花疗”休养区，人们称为“健康公园”。公园里种着各色各样对人体健康有益的药用植物花卉，缤纷灿烂。病人在医师指导下，每天在花丛中散步，吸收一定量的花香气味，并配合适当的药物，经过几个疗程，许多慢性病患者在健康公园里治愈了在普通医院无法医治的痼疾。

大量的实验研究还证明，在这种类似“健康公园”的环境中从事园艺劳作，不仅能增加身体活动量，运动四肢关节，而且还有助于减轻精神忧郁和思想压力，也可降低血压，促进血液循环以及保护关节。尤其对神经官能症、高血压、心脏病患者，有很好的辅助疗效。

园艺疗法比较适宜老年人及慢性疾病患者，有资料显示，一些老年人身患孤独症，参加集体性园艺劳动后，生活中增添了乐趣，寂寞、孤独感就会减轻。再则，老年人普遍缺钙，经常参加园艺劳动能使骨骼坚强。特别是对年过50岁，面对缺钙威胁的妇女来说，种花、锄草等劳动确实可以起到延缓并制止钙质过快流失的作用。

从园艺劳动再看世界各地的长寿经验，其结论都是，凡长寿者都是爱劳动者。

据《养生大世界》2003年第8期李深在浙江温州永嘉县楠溪江的调查报告，一个住有140户的山村，80岁以上老人就有30多位，问及百岁以上的一位金学球老人长寿原因时说，劳动多，每天都在活动。这里环境好，空气好，吃的东西全部自给。有位82岁的金孝杰老人，最大的爱好就是种兰花。

据香港《文汇报》报道，河南洛阳栾川县大松垛村，1988年统计，全村158人中90岁以上老人有14个。记者在采访中发现，其长寿的秘诀，除空气清新、井水神奇外，就是全村人特别勤快。村里八九十岁的老人都在不停地干话。像一位郑汉娃老人，80岁了上山坡、爬树、砍柴，拣栋树籽等事，在大松垛都是平常事儿。

据《老年日报》2003年5月27日徐宝康撰文介绍，在韩国江原道的麟蹄郡住有3万多人口，65岁至85岁以上的男性长寿者占全人口的10%，为3545人。关于长寿的原因，其郡长金长浚说："主要得益于清洁的水质和富氧的空气等大自然的恩惠。另外，我们勤勉、乐观、知足，生活得有滋有味。"

据《晚晴报》2002年11月27日西令的文章说，世界卫生组织公布了意大利坎普德梅村长寿的情况，全村850人，150人超过75岁。在村中经常会看到80岁老人踢足球，95岁老人骑自行车。村里男女老少都非常热爱劳动和运动。

据一些研究部门观察，爱种花弄草的人很少患癌症。经常干点力所能及的劳动，大脑和机体都会获得更充分的氧气，对人体新陈代谢非常有益。人们在自然的怀抱中，边种植、修剪，边观赏、体悟，沉醉其中，精神就会愉悦，机体的免疫力就会提高，对防癌和治疗疾病有促进作用。

当然，园艺疗法虽好，但不是大多数人都能实现的愿望。它受到客观上许多条件的限制，先进的国家也一直在为此而努力，我国也不例外，现在一些养生机构内就开创有后花园，供养老者根据个人兴趣作适当地劳动，颐养天年。

为弥补这一缺欠，家庭种花养生应是较为现实的途径。可根据庭院或阳台大小，选择适宜的品种。值得向您推荐的是，在您想栽种花草的地方，若因种过别的花草长不成、活不久，那就请您选择种几株金银花吧！它是有土必生，不怕晒，不怕冻，更能在少光、阴角处生长，不常见光的北阳台她照样旺盛生长，开花结果。此花真乃“天不怕、地不怕”，无所畏惧也。故曰忍冬矣！

近年来在江苏扬州市就传颂着“花大爷”和“花侠子”的真实故事。主人公陆金荣老大爷介绍说：“我把自家门前废弃的绿化带上垃圾杂草清除，种上花草苗木，围墙上挂上金银花、常春藤等藤木植物，开辟了一个‘袖珍’小花园。”“社区为我的小花园挂上‘顾庄社区少儿花卉班花圃’的牌子，我们的兴趣班从兴趣着手，自愿参加，来去自由，义务教学，一对一辅导，深受爱好家庭养花的家长和小朋友欢迎。”“花侠子”者自然是热爱花草的小朋友了。老少乐趣，花草助兴，颐养人生。

总之，花卉的种种功能，在防病治病方面都是很有特色的。故此，《中医药文化》2011 年第 6 期“养生旨趣”栏目中，刊登党毅和陈虎彪的文章“香港花文化与‘花疗’”一文指出：“花疗”

几乎囊括了中医运动养生、精神调摄、旅游养生、饮食养生、中药养生、环境与养生、娱乐与养生、茶文化与养生、诗词歌赋与养生等中医养生学中的全部内容，”深而求之，“‘花疗’涉及植物学、草药学、中医学、养生康复学、烹调学、茶文化，以及化妆品、保健食品、美学、文学、音乐、摄影、美术等许多学科和专业。”“花疗”与养生，真不简单也。其博大精深之探求，造福人类的功效，不仅会成为有志者壮丽事业的追求，而且也会被越来越多的人认识，并成为其践行养生的高尚方式。

第三节 时尚保健品一瞥

新世纪以来，市场上出现的有关金银花保健产品越来越多，每年几乎都有新型的产品上市，令笔者及关注金银花开发利用事业发展的人们十分欣喜。概略一瞥，这些金银花保健品种大体分为三类：一是食品；二是饮品；三是生活日用品。

一、金银花保健食品

1. 金银花蜂蜜

顾名思义，乃是蜜蜂采吸金银花粉酿制而成。金银花原本就是蜜原植物之一。其蜜口感细腻，花香浓郁，属优质蜜品。

[**成分与配料**]选用100%金银花蜂蜜，含有丰富的葡萄糖、活性酶、氨基酸、维生素、微量元素等营养成分。对人体有良好作用。

[**食用方法**]可直接食用，适宜兑适量温开水、牛奶、饮料等食用。

[**适用人群**]家居、旅行，老少皆宜。

2. 金银花含片

[**主要成分**]金银花、鲜白茅根、胖大海,薄荷、葡萄糖等。

[**食用方法**]含服,每次1粒,每日3次。

[**主要功能**]香甜可口,清新爽口,保护嗓子。

[**适用人群**]居家、旅行必备品

3. 金银花VC含片

[**主要成分**]金银花、胖大海、维生素C、薄荷、硬酯酸镁、白砂糖、葡萄糖。

本品是以金银花、胖大海等提取液和白砂糖、葡萄糖、稳定型维生素C、薄荷、硬脂酸镁为主要原料,经科学加工精制而成的特别营养食品。

[**用片用量**]含服,每次1粒,每日6次。

[**主要功能及适宜人群**]适宜于用嗓超量、烟酒过渡和爱护嗓音人士。如教师、演艺员、业务推销人员、播音员、驾驶员及卡拉OK爱好者等人群。

4. 金青梅含片

[**主要原料**]乌梅、罗汉果、青果、葡萄糖、白砂糖、金银花、菊花等。

[**配方来原**]根据广西地区民间食用习惯,采用药食两用的优质原料精制而成。属含化食用产品。

[**功能及适用人群**]具有香口胶、喉片、润喉糖等众多产品之优点,四季宜用。

[**食用量及方法**]含化食用,每次1粒,每日5-6次,可连续含食,儿童酌减量。但含化意识不强之婴幼儿不宜食用。

5. 甘草良咽

[**配料**]甘草浸膏、金银花、青果、罗汉果、薄荷脑、蔗糖、高麦芽糖浆。

[**主要功能及适宜人群**]适合各类人群长期食用,特别是适用于保护咽嗓的人。

6. 金银花润喉片

[**成分**]以金银花、罗汉果、藏青果、菊花、桔梗(提取物)、葡萄糖浆、薄荷油、冰片为原料,经科学加工而成。

[**功效**]清凉爽口,利咽润喉。

[**食用方法**]含化,1次1粒,1日6粒。

值得说明的是还有一些如"金嗓子喉片"类的药片,虽然金银花也是其重要成分,而且也可含化食用,但必定其中有一味"石斛"不是"食药同源"的药品,故均不列入金银花食品类。旨在说明药品、食品不能互相替代。

近年以来,在市场上陆续出现的金银花食品还有金银花糖果,金银花功能性酸奶、金银花保健奶、金银花冰淇淋等。《金银花研究应用新进展》中指出:"金银花保健糖果具有消炎止痛、润喉护嗓的功能,赋予了传统糖果新的生命力,深受广大消费者欢迎。"

"金银花功能性酸奶集金银花和酸奶保健功能于一体,酸甜适中,口感细腻、润滑、柔和。以香菇、银耳、金银花为原料制成的复合保健酸奶,有酸乳特有的发酵香和淡淡的香菇风味。"

"将金银花、芦根煮汁加入冰激凌配料中,可制成具有清热解毒、生津止渴的冰淇淋。金银花解毒功能强,能解除无机或有机毒物对人体的毒害,如有机磷农药中毒、菌类中毒等,因此在保健食品开发方面具有广阔的市场前景。"

还有厦门伯佳特生物科技有限公司生产的《清爽王》金银花硬质糖果含片和广西本草坊保健品有限公司出品的《百果宝》,以金银花为主,配以葛根、罗汉果制成的糖含片,均在市场上卖得红红火火,挺受欢迎。

二、金银花保健饮品

1. 金银花露饮料

[**配料**]金银花蒸馏液、蒸馏水、白砂糖。

[**净含量**]340 毫升(相当于金银花 25.5 克)

[**饮用方法**]直接饮用。

[**适宜人群**]儿童、口渴者、上网者、吸烟者、喜食辛辣者、运动爱好者。

2. 金银花茶

"金银花茶,汤色翠绿透亮,闻之气味芬芳,常喝金银花茶,清热解毒,降脂减肥,养颜美容,百病不生,夏天喝金银花茶,防暑降温。难怪有人说'喝了金银花,今年二十,明年十八',这正是对金银花茶的美好赞誉。"以上这一大段论述是笔者从《金银花研究应用新进展》一书中摘录的。所谓"二十、十八"说,虽然褒扬可能有些过,但"久服轻身,益寿延年"却是千古箴言。

最为原始的金银花饮用品。一般都是散装零售,买来或采来直接冲泡饮用。现在市场上已有经加工包装的袋型金银花茶,也有加工成粉粒型的,形式不一。但只要是真品,均是气味芳香清心爽口。

冲泡饮用的方法也很简单,取 3 – 4 克或个人需要多少即可,用 90℃以上沸水冲泡 10 多分钟,之后就可饮用;也可以随泡随饮,加点冰糖其口感会更好。

笔者常年饮用,获益多多。虽已年逾七十,超过孔子,奔向孟子,自觉信心满满,今年完成这部编著,后年还出新作,直至爬不动格子。用自己的亲身实践证明金银花久服而轻身的千古箴言。乐而为之,躬行不已。

3. 王老吉凉茶

[**配料**]水,白砂糖、仙草、蛋花、布渣叶、菊花、金银花、夏枯草、甘草。

[**功效**]凉茶,植物饮料,清凉爽口

这是近几年来在饮料市场上比较畅销的一种含金银花的饮品。说是此品已逾百年,早年在广东一带适用。如今全国畅销,根据个人体质爱好,冷热饮用皆宜。

4. 天天清大茶

[**主要原料**]绞股蓝、金银花、枳壳。

[**保健功能**]对化学性肝损伤有辅助保护作用,并能润肠通便,改善胃肠道功能。

[**食用方法**]每日 1－3 次,每次 1 袋,以 80°以上的开水约 170 毫升浸 3－5 分钟即可饮用。可连续浸泡 2 次。

目前尚未发现不适宜人群。属全民健康工程家庭保健养生专用茶之一。

5. 金银五花茶冲剂

[**成分**]金银花、野菊花、木棉花、槐花、葛花、甘草,辅助原料为蔗糖。

[**性状及功能**]气香、味甜,微苦。清热利温,凉血解毒,清肝明目。

[**用法用量**]开水冲服,一次 10 克,1 日 1 至 2 次。每袋重量 10 克。

本品以金银花、菊花为主,茶剂无毒副作用,亦食亦药。

6. 加多宝

这也是近年来在市场上较为畅销的凉茶饮料,其成分与"王老吉凉茶"相同,该产品宣传说,"传承了凉茶创始人王泽邦祖传秘方的加多宝,正是在原有古方的基础上结合现代人

需求进行改良，选用上等本草材料如金银花、菊花、夏枯草、布渣叶、仙草等，运用传统的蒸煮工艺，经由现代科技提取本草精华、悉心调配，创造性地开发出了广受消费者认可的中国首款‘凉茶饮料’。虽然选用金银花的成本较高，但为了保证品质，原料一直未曾更换，而且连每道工序也一点不能节省。”

7. 秋梨膏

北京特产。配料为金银花、蜂蜜、生姜、菊花、枇杷、冰糖等，以秋梨为主料。

该产品历史悠久，风靡京成，是老少皆宜的饮品，具有清热解毒、泻火、生津、养阴、消肿的功用。

8. 和其正(凉茶)

配料：纯净水、白砂糖、仙草、鸡蛋花、夏枯草、甘草、金银花、菊花，布渣叶。

该凉茶与王老吉、加多宝的配料大体相同，口味稍重，均为民间流传配方，三家竞争，物美价廉者胜出一筹。

据一些资料介绍，以金银花为主要原料的保健饮品还有金银花汽酒、金银花黄酒、金银花啤酒、忍冬可乐、金银花—绿茶、金银花—苦瓜、金银花苦瓜—淡竹叶、金银花—芦荟、金银花—银杏叶等保健饮料相继上市。还有专家学者提出建议，以中药组方配伍的复方金银花保健茶亟待开发，如金银花与菊花、野菊花、麦冬、青梅、胖大海、茅根等配伍，制成保健茶，可清热，解毒、生津、消暑、利咽、止痛，具有很好的发展前景。专家们指出，以金银花为原料，采用高科技技术研制各种保健食品与饮料，是保健、养生、延年、益寿需求的发展趋势。

三、金银花保健日用品

1. 金银花牙膏

以金银花为主要成分的中草药牙膏近年来出现的品种不少。其功效为预防上火引起的牙龈发炎、出血、肿痛及口腔溃疡等各种口腔问题,比较受消费者欢迎。如广东宝洁有限公司的"佳洁士"草本水晶牙膏,就"添加金银花、薄荷天然草本植物精华,能帮助保持牙齿牙龈健康。有效清洁减轻牙菌斑,清新口气,带给大自然般的清爽感受"。

还有双黄连牙膏,也属金银花类牙膏。双黄连者乃金银花、黄芩、连翘也。

2. 金银花香皂(六神清凉香皂)

其功效能抑菌消炎、去痱止痒,使皮肤清凉爽洁。六神者,薄荷醇、冰片、人工牛黄、人工麝香、蛇胆提取物,金银花(忍冬花)提取物。

3. 金银花花露水

市面上花露水的品种类型不少,几乎都含有金银花的成分,不同者只是含量多少而已。当然以纯正的金银花花露水为宜。其保健作用大体为:清新凉爽、祛痱止痒;提神醒脑、防蚊驱虫。因此,实为消夏解暑之佳品。

还有一种专门的"金银花防蚊花露水"。

据说,目前在市场上还有金银花花晶、金银花香水、金银花沐浴露等,笔者在西安市场上还未发现,但我们坚信含有金银花成分的化妆品一定会面市的。因为金银花中所含的芳樟醇、香叶醇、丁香酚,香气浓郁,可做高级香料。因此,以金银花为主要原料生产的各类化妆品的问世将指日可待。

另外,金银花挥发油及浸膏还能改善和修饰卷烟香气,具有增加清香香韵、减轻刺激性的作用,可做卷烟添加剂。

第四节 药膳与药酒

无论是我们略述过的金银花保健品,还是将要介绍的金银花药膳与药酒,都属于金银花“食疗”或“花疗”的实物品或其配方、单方汇集。所不同者,保健产品一般都是工业化产品,而药膳、花膳、花食、药酒则是家庭或作坊式的烹调品,因人而宜,因时因地而为,突出个体需求,适应四时变化,讲求实际功效。

一、药膳谱

大体分为三类:汤饮、花粥、菜馔。

(一)汤饮谱

1. 银花饮

配方:金银花60克,山楂20克,蜂蜜500克。

制法:将金银花、山楂放入锅内,加清水适量,用旺火烧沸,三分钟后将汁滗入盆内,再加清水三分钟煎熬后滗出汁。将这两次汁同放入锅内浇沸三分钟后加蜂蜜,拌匀即成。

功效:微酸香甜,清火开胃。

2. 金银花露

异名:金银露(《金氏药帖》),忍冬花露(《中国医学大辞典》)

基原:为忍冬科植物忍冬花蕾(金银花)的蒸馏液。

性味:《纲目拾遗》:“气芬郁而味甘。”

功用主治:清热,清暑,解毒。治暑温口渴,热毒疮疖。

①《金氏药帖》:“专治胎毒及诸疮痘热毒”。

②《纲目拾遗》:“开胃宽中,解毒消火,以之代茶,尤能散暑。”

③《中国医学大辞典》:“养血,止渴。治温热痧痘,痈疽,梅毒,血痢。”

附:简易法制银花露

金银花5克,白砂糖适量。先将金银花洗净,放进砂锅,添入适量清水,文火煎煮,将水煎熬至三分之一时,再加入白砂糖搅拌均匀即成。适时单独饮用。

3. 银花糖水

配方:金银花20克,茶叶6克,白糖30克。

制作:将金银花、茶叶放入煲内,加清水500毫升煮沸2分钟即可,滤汁加入白糖溶化,趁温热即服,不可放凉。

功效:清热解毒。

主治:发热头痛,微感风寒,鼻流清涕,咽喉肿痛,上呼吸道感染。

4. 绿豆金银花饮

配方:金银花10克,绿豆50克,白砂糖30克。

制作:绿豆淘净,金银花洗净。二者放入锅内,加水适量,大火烧沸,改小火煎煮30分钟,关火。去渣取液,加入白砂糖搅匀即成。

用法:每日3次,每次饮150克。

功效:清热解毒,清肿止痒。对接触性皮炎有一定疗效。

5. 银花蜜糖茶

配方:银花30克,蜂蜜20克。

制作:先将金银花入煲加水500毫升,煎后取液约400毫升,去渣取汁,冷却后加入蜂蜜,调匀可饮。1日内饮完。

功效:清热解毒宣肺。

主治：支气管肺炎、大叶性肺炎、病毒性肺炎等病毒较重者；高热烦渴，痰鸣气喘，咳嗽胸痛。

6. 银花薄荷糖水

配方：金银花 15 克，薄荷 6 克，蜂蜜 30 克。

制作：先将金银花纳入煲中，加清水 600 毫升，煎取液 400 毫升，加入薄荷，快煎约 3 分钟去渣取汁，饮用时冲入蜂蜜。

用法：凉饮或热饮均可。

功效：清热、润肺、止咳。

主治：急性上呼吸道炎症，咳嗽咽痛。痰少而粘，久咳不已，慢性气管一支气管炎。

7. 双花饮（A 方）

配方：金银花、菊花各 15 克，杏仁 12 克，蜂蜜适量。

制作：将金银花、菊花、杏仁入水共煎，然后去渣取汁。

用法：分次饮服，饮时兑入适量蜂蜜。

功效：疏风清热，清肺散邪。

主治：肺炎、肺痛初期之咳嗽，胸闷痛，咳则痛者，痰多粘滞不爽，恶寒发热。

8. 双花饮（B 方）

配方：金银花、菊花、山楂各 10 克，精制蜜 100 克，食用香精适量。

制作：将金银花、菊花、山楂各择去杂质洗净，放入锅中加清水适量后烧沸，熬约半小时起锅滗出汤汁。将蜂蜜放入干净锅内加热微沸至微黄时，缓缓倒入双花汤汁内搅拌均匀，蜂蜜全融化后过滤去渣，冷却后加少许香精即成。

用法：分次代茶饮。

功效：味微酸香甜，清热解毒，明目开胃。

9. 三花汤

配方:金银花 20 克,白扁豆花 15 克,白菊花 15 克。

制法:将金银花、白扁豆花和白菊花放入搪瓷容器内加水煎熬后代茶饮之。

用法:分次代茶饮用。

功效:清热生津,预防、治疗暑热感冒。

10. 玉竹金银花饮

配方:玉竹 9 – 15 克,金银花 15 – 30 克,蜜、糖适量。

制作:先将玉竹和金银花浸水 20 分钟,煎煮 10 – 15 分钟,去渣取汁放凉,瓶贮备用。

用法:分次服用。服时加入冰糖或蜂蜜溶化即可。

功效:清热、润肺、生津。

主治:肺胃阴虚津伤之口干口渴,干咳少痰,气粗,低热等。

11. 鱼腥草银花饮

配方:鱼腥草 30 克,金银花 15 克,茅根 25 克,连翘 12 克。

制作:四味药共煎煮然后去渣取汁。

用法:代茶饮,1 日 1 剂,连服三天。

功效:清热解毒,宣肺化痰。

12. 银花冬瓜仁蜜汤

配方:冬瓜籽仁 20 克,金银花 20 克,黄连 2 克,蜂蜜 50 克。

制法:先煎金银花,去渣取汁,用其汁再煎冬瓜仁约 15 分钟后入黄连、蜂蜜即可。

用法:1 日 1 剂,连服 1 周。

功效:清热解毒,利湿消炎。适用于产褥期盆腔炎伴带下量多色黄属湿热下注者。

13. 二藤汤

配方:忍冬藤 30 克,红藤 30 克,大黄 9 克,牡丹皮 9 克,马齿苋30克,红糖适量。

制法:将忍苳藤、红藤、大黄、牡丹皮和马齿苋共煎汤,去渣取汁入红糖即可。

用法:1日1剂,分早晚服,连服5－7天。

功效:清热解毒,凉血通瘀。

主治:用于产褥感染,急性盆腔炎或子宫内膜炎发热,露漏不绝者。

14. 忍冬汤

配方:金银花60克,土茯苓30克,黑料豆30克,甘草6克。

制法:共入砂锅煎汁。

用法:(1)汤药1日1剂,分2次湿服。(2)将药渣加清水2000毫升煎汤熏洗,连用10天为一个疗程。

功效:清热解毒,祛湿消块。

主治:用于外阴尖锐湿疣或杨梅结毒等,属湿毒蕴结者。

15. 蜈蚣银花饮

配方:蜈蚣10条,金银花30克。

制法:将蜈蚣去头,与金银花共入锅,加水适量共煎,用文火熬至取汁200毫升。药渣加水再煎取汤,共连煮三次,然后把三次的汤相合,分为3份。每日1份服用,分早晚2次。连服30－40剂。

功效:清热解毒,活血消癌。

主治:用于子宫癌的治疗或辅助治疗。

16. 银花莲子汤

配方:金银花30克,牡丹皮30克,莲子50克,白糖50克。

制法:先煎二味金银花和牡丹皮,去渣取计后再放入莲子煎烂,加白糖拌匀即可。

用法:温服,1日1剂。

功效:清热解毒,凉血消炎。

主治:用于热毒内扰所致急性盆腔炎的辅助治疗。

17. 银花汤

配方:金银花 30 克,蚤休 30 克,花粉 20 克,皂刺 15 克,当归 30 克,甘草 6 克。白糖适量。

制法:六味药入水共煎好后入白糖调味。

用法:1 日 1 剂,早晚温服,1 周为 1 疗程。

功效:清热解毒,活血排脓。

主治:用于急性输卵管炎,或有化脓属热毒壅盛者。

18. 预防 SARS 二花茶

配方:二花(即金银花)12 克,麦冬 10 克,桔梗 6 克,甘草 10 克,陈皮 12 克,藿香 10 克。

制法:六味药共煮水 1000 毫升左右,全家 3 - 4 口人当茶饮。

功效:防 SARS 食疗验方,在疫情发生时可连服数日。

(《中国食品报》2003.05.10,王文奎)

(二)花粥谱

1. 银花粥(A 方)

配料:鲜金银花 30 克(干品 10 克),粳米 60 克,白糖适量。

制法:先将粳米煮至快熟时,放入金银花再稍煮片刻,食时加入适量白糖。或者先将金银花煎浓汁去渣约为 150 毫升,放入粳米 60 - 100 克,再加水 600 毫升将粳米熬烂熟即可。食时加入适量白糖。早晚温热食用。

功效:治风寒感冒,咽喉肿痛。久服能降低血清胆固醇、降血压,令耳聪目明。

2. 银花粥(B 方)

配方:银花 30 克,粳米 50 克,连翘 30 克,白砂糖适量。

制法:先将银花、连翘用水煎好后去渣取汁,再放粳米入锅,待米熟粥稠时加入糖即可,但不要过甜。

功效:清热解毒,抗菌消炎。

主治:适用于各种热毒初起病症,如上呼吸道感染、肺炎、化脓性炎症。

3. 银花莲子粥

配方:金银花 25 克,莲实 50 克,白糖少许。

制法:莲实用温水泡去皮除蕊。先将金银花洗净放入锅内,旺火烧沸后转用小火煮 5 分钟,去渣留汁,再放入莲实,旺火烧沸后转用小火熬至莲实熟,加白糖调匀即可。

用法:早餐食用。

功效:清热解毒,凉血消炎。

4. 菊花银花粥

配方:白菊花(杭州)6 克,银花 6 克,粳米 100 克。

制法:先将粳米煮熟成粥后加入焙干的花末,稍煮即成。

功效:常食,可防止中暑、风热感冒、头痛目赤等症。尤宜高血压,冠心病患者。

5. 银花豆豉粥

配方与制法:金银花 9 克,淡豆豉 9 克,水煎去渣,加入粳米 60 克,白糖适量,煮粥食用。

功用:对于暑热感冒有积极疗效。

6. 扁豆花藿香饮

配方与制法:扁豆花 20 克,藿香 12 克,银花 10 克,白糖适量。将扁豆花、藿香、银花洗净,加水适量煎煮,以白糖调味即可服用。

功用:对热伤风有疗法。

7. 薄菊粥

配方与制作:薄荷、菊花、金银花各9克,桑叶、淡竹叶各6克。用水煎沸后5分钟,滤出药汁,去渣,加入粳米100克煮成粥。

功用:治疗热伤风感冒有积极功效。

(5-7方摘自《健康之友》2012.07.19)

8. 百合银花粥

配方:50克百合花,6克银花,100克粳米,白糖适量。

制法:先将百合花、金银花洗净,将其烤干研末。将粳米煮熟成粥。在粳米即将成熟时放入百合花和金银花花末,再煮片刻即可。

功效:常食可清热解毒,对治疗咽喉肿痛有较好效果。

9. 金银花鸡蛋汤

配方:鲜鸡蛋1个,金银15克。

做法:先将打入碗内备用。金银花加水200毫升,煮沸5分钟,将碗中鸡蛋放入金银花沸水中,稍煮沸即可。

功效:每天早晨服1次,1次服完,治风热咳嗽。

(三)菜馔谱

1. 金银花沙粒

配料:金银花花瓣1小盘,小黄瓜块250克,胡萝卜丝100克,马铃薯250克,火腿丁、沙拉酱适量。

制法:将金银花瓣洗净放小盘中,将马铃薯煮熟晾凉切丁。然后将小黄瓜块、胡萝卜丝及马铃薯丁、火腿丁及金银花瓣放入大盘中,拌上适量的沙拉酱即可。

功效:清爽利口,营养丰富。

2. 金银花炖瘦肉(A方)

配料:鲜金银花150克,鲜金钱草200克,瘦猪肉200克,黄酒2匙。

制法:先将鲜金银花和鲜金钱草洗净滤干,将瘦猪肉洗净切块,共同倒入大砂锅中,用旺火烧开后加黄酒二匙,再用文火慢炖2小时,离火,滤汤,持肉,弃药渣后即成。

功效:具有清热毒、清胆火、补脾益气、消炎化石的功效。

主治:常食能治疗慢性胆囊炎和胆管炎,预防胆结石。

3. 金银纯瘦肉(B方)

配料:金钱草80克(鲜品200克),金银花60克(鲜花150克),猪肉1000克,黄酒二匙。

制法:将金钱草、金银花洗净后用纱布包好,猪肉切块。然后将药包和肉块放入砂锅中加水到浸没程度,武火烧开加黄酒,文火炖2小时,取出药包挤干。

用法:饮汤食肉,每次1小碗,1日2次。过夜后第二天食时要煮沸,3日食完。

功效:清热、解毒、消石。

主治:适用于胆囊炎与胆管炎,预防胆石症。症见胁痛,以胀痛为主,甚有剧痛,呈烧灼感,口干苦,恶心呕吐,大便干结,小便黄等。

4. 银花鹌鹑

配方:鹌鹑2对,银花30克,葱、姜、酱油、盐、植物油各适量。

制法:将鹌鹑去毛,剖腹去内脏洗净。用适量植物油略炸鹌鹑。把银花用单层纱布包后填入鹌鹑腹内(每只中放15克)。入锅内加水和酱、葱、姜等。用小火煮烂,弃去银花纱布即可食用。

用法:早、晚各食1只。

功效:清热解毒,和中补气。

主治:鼻腔腺癌有感染者。

5. 金银橘酪汤圆

配方:鲜金银花数朵,江米粉 500 克,橘子 200 克,炒熟的豆沙馅 100 克,白糖适量。

制法:①将江米粉用水和匀揉软,分成 60 个小剂,每个剂内包上一份豆沙馅,搓成桂圆大的汤圆,码在盘内,用一块湿布盖好。把鲜橘子皮剥掉,并去桔子瓣的薄皮,然后切成小丁,放在大碗内。再把新鲜金银花摘洗净,取大花瓣放入橘酪碗内。

②清水烧沸,下入汤圆,待汤圆全浮在水面上时,加进白糖,水烧沸后,盛入放橘络、金银花的大碗内即可。

特点:色彩红、白、黄、软糯香甜,略有酸味,为宴会应时的甜食之一。

功效:清热开胃,理气燥湿。

6. 银翘桃仁饼

配方:银花 50 克,连翘 50 克,桃仁 20 克,白面粉 250 克。

制法:(1)将银花、连翘、桃仁共煎,去渣取汁。

(2)用药汁合面粉烙饼数个即可。

用法:1 日内分数次食完。连食 1 周。

功效:清热解毒,活血消炎。

主治:用于产后盆腔感染的辅助治疗。

7. 金银花肉片汤菜

配方:金银花 20 克,猪瘦肉 250 克,小白菜 100 克,料酒、姜片、盐、味精、植物油各适量。

制作:洗净作料,猪肉切片,小白菜切段。炒锅放入植物油,烧至六成热,下姜片爆香,烹入料酒,加适量水烧沸,下入肉片、金银花、小白菜煮熟后,加入盐、味精,搅匀即成。

功效:补虚损,解热毒。适合肠炎、痢疾、伤寒康复期患者食用。

用法:每日 1 次,佐歺食用。

8. 双花鲤鱼煲

配方:金银花 6 克,野菊花 60 克,鲤鱼 1 条,棒骨汤,料酒、盐、姜块、葱段、胡椒粉各适量。

制作:①野菊花瓣撕下,用清水泡 2 小时,捞出沥水;金银花洗净;鲤鱼处理干净,切块;姜块拍松。

②炖锅中放入鲤鱼、野菊花瓣、金银花、料酒、盐、姜块、葱段、胡椒粉、倒入棒骨汤,大火烧沸,煮熟即成。

功效:对痤疮有很好功效。疏风清热、明目利水,有助于祛除体内热邪,保护视力,通利小便。另外,对妇女更年期综合症也有疗效

(《养生中草药》,中国保健会主编,湖南美术出版社 2011 年 3 月版)

9. 金银花凉拌肉丝

配方及制法:金银花瓣一小盘洗净沥干,肉丝一小盘以沸水煮熟沥干,小黄瓜 250 克,胡萝卜 50 克洗净切丝,将所有原料置入盘中,加入盐,味精、香油等调料,拌匀即成。

功效:清爽利口,营养丰富。

二、药酒谱

关于金银花酒的历史很悠久。早在我国南北朝时的梁朝名医陶弘景在其《名医别录》中就指出:“忍冬煮汁酿酒饮,补虚疗风,此既长年益寿,可常采服。”之后明代李时珍也有同样的论述。我们不再繁冗引用。现就四种药酒简述如下:

1. 金银花酒

组方:金银花 5 两,甘草 1 两。

制备方法:水二碗,煎成一碗,再倒入一碗酒,然后略煎

即成。

用法用量:对于痈疽初起者,一昼夜内分三次服尽;病重者1日2剂,服至大小肠通利则药力到。

外敷:以生药捣烂,用酒调敷疮毒四周为宜。

功能主治:一切痈疽恶疮,不论发生在何处,或肺痈,肠痈,初起便服用有奇效。

资料来源:清·《医方集解》

2. 忍冬酒

配方:忍冬藤、大甘草节

制备方法:(1)取新鲜忍冬藤一把(用干者也可,药力不及生者),连枝叶入砂锅或盆内加研烂,再加入少许瓶子酒,稀稠合适,便于涂于痈疽四周,中间留一口泄气。

(2)取忍冬藤鲜枝叶计5两,木槌捶损。不能用铁器。再取鲜大甘草节1两,同放入砂锅内,用水两碗,文、武火相间慢煎至剩药汁一碗时,加入好酒一大碗,再煎十数沸,取汁去滓即可。

用法用量:在敷用(1)药酒的同时,可口服(2)药酒。1日1夜分三次服完。病势重者,一日二剂。

功效及主治:治痈疽发背,不问发在何处,发眉发颐,或发头或发项,或背或腰,或胁或乳,或手足。皆有奇效。

资料来源:明·《本草纲目》

3. 藤花酒

配方:鹭鸶藤(茎叶花附)、黄芪、甘草(生)、栝楼各半两。

制备方法:将上述配药碎为粗末,分为五钱一付,每付入酒二钱,煎至一盏,纱绢拗挒,去渣即成。

服用:温服,一日三次,每次一盏。

功效及主治:补虚托毒,理气活血,治痈疽瘀毒,内附筋骨。

资料来源:明·《普济方》

4.藤黄煮酒

配方:忍冬藤2两,生地黄(干者)1两。

主治:治痈、疽、恶疮,深附骨在腹,虽肿及肤不热,颜面危恶,或瘘或痔,妇人乳疽,一切气血不和,留畜疙疽挛皮于筋骨,不能行步。

服用:每次一盏,每日四盏。

制备方法:将忍冬藤、生地黄研为粗末,酒四升,共入大瓶内,用油纸竹叶牢封瓶口,悬釜内煮二三百沸,香熟后令冷,用纱滤出酒液。

(明·《普济方》)

第四章　凌冬不凋

本章的中心内容是论述金银花的生态作用。确定用“凌冬不凋”作为标题，意在突出金银花不怕严寒欺凌、战胜恶劣环境的顽强生命力。自然，这也让我又一次想起孔夫子的论语：“岁寒，然后知松柏之后凋也。”老先生这句话告诉我们这样一个生活常识：在风和日暖的季节，生长着的万木和松柏没有多大区别，都是郁郁葱葱，一片碧绿。只有到了严冬酷寒的时候，在中国中原大地，其他树木花草纷纷凋落，唯独松柏经受住风霜冰雪的考验，历劫不凋。通过对这种自然物候现象的观察感悟，孔子旨在教导我们，做人也应如松柏，越是艰难困苦，越能考验人的品质。从养生角度理解夫子之言，人的寿命虽都会以各种形式而“后凋”，但其高尚的品质和节操乃是寿的灵魂，就像松柏常青的精神，长久活在人心。仁者寿也。正如孔夫子、孙中山、周恩来这些先贤永远活在中华民族的心中。曾几何时，企图抹去他们的人物都成为历史的小丑，而他们则更加光辉灿烂。因此，我们民族整体说来就是一个敬仰“凌冬不凋”、坚强不屈人格的民族。先辈们把这种人文意蕴，以“忍冬”名冠之植物，其象征、昭示、励志作用会伴着金银花的生长而永远传承下去，并能发扬光大。

由此看来，金银花带给我们民族的恩惠就不仅仅是赏花悦目、珍贵药品和久服轻身的保健功能了，就其“凌冬不凋”的耐寒性、藤本植物的攀援性、强健泼辣的适应性来说，金银花的生态价值也是不可估量的。

第一节　生物特性

第二节　生态效应

第三节　美化家园

第一节　生物特性

首先论述金银花的耐寒性。 自古以来，金银花的植物名为忍冬。顾名思义，古人解释曰："凌冬不凋，故曰忍冬。"忍，其深层次之意乃能也，强也，坚柔也。人能忍者乃大丈夫，物能忍者适生存。

在植物适宜气温的分类上，金银花虽然喜阳光，但也耐阴，更耐寒冷。气温低到 -43℃时它的根茎不会冻死，气温稍有回升就可以正常生长。在零度低温下，其枝叶不凋败，依然生机勃勃，时有新芽簇生。故此，在我国北方及西北地区常绿植物相对南方来说比较少的情况下，金银花在这些地区的种植就尤为珍贵，其生态价值会更高。农谚说得好："冻坏石榴晒伤瓜，不会影响金银花。"

其次，我们研究一下金银花的攀援性。 金银花在植物形态分类上属于攀援匍匐垂吊植物类型。与大多数植物自幼直立向上延伸的生长方式不同，金银花苗木长高二、三十公分以后就不能很好直立，必须得攀附他物上升。若无物可攀就匍匐蔓延，或是顺势垂吊向下生长。植物学上把这类植物群通称为藤蔓植物。金银花就是比较典型的藤蔓植物，其茎细长柔软，不能直立，但却具有自身能力藉以攀附他物向上伸展的攀援性。其主茎或从长幼苗时就会主动寻找、靠近攀附物，然后缠绕他物呈螺旋状一天天向上生长，其能力非常强悍，百折不挠，即使人为地把缠绕枝条拉开，第二天又会自动缠绕上去。而且不管这些他物是树木、铁棍、栅栏、棚架还是石柱、石栏，它都能顺势而为，勇于攀登。

正因为如此的习性，所以金银花也称左旋藤或右旋藤。这两种名称，都是讲金银花的缠绕攀援性。其所以得出两个左右不同的名称，完全是学者们在观察金银花的缠绕性所站的立场不同而已。站在观看者的立场看茎的旋转，即从外向内看，顺时针方向缠绕者称为左旋转，反之称为右旋转。另一些学者则执相反意见，不是从观看者角度，而是从茎自身的角度，犹如人爬一座螺旋状楼梯一样，向左手旋转上升者为左旋转，向右手旋转者称为右旋转。两种意见，多年争论下来，莫衷一是，但这绝对不影响金银花具有攀援性的生物属性。

这种特殊习性，展示了金银花在生态环境中的两大优势。一是它能在一般直立生长植物无法存在的环境、场所出现，从而起到独特的生态效应；二是它可以培植出多种形态、深厚层次的观赏景观。在诸多方面都是大有作为，会发挥良好的效应。

再次，金银花生性泼辣，有很强的适应性。李时珍说它是“在处有之”，对不同的生态环境适应性强，特别是许多植物难以生长的恶劣环境，金银花却可以大显身手，产生良好的生态功能。

1. 关于温度的要求

金银花虽然原本属于温带、亚热带的灌木树种，但因其耐寒性的顽强生命力现已广布我国南北地区，野生于山谷、丘陵、林边、溪旁、沟坎上。它喜阳，但也耐阴，耐寒，多生长在半阴半阳的地方。气温高、太阳直晒它不萎缩，气温低到零下三四十度照样能活下来。足见它对温度的要求不十分苛刻，只是正常的二三十度的气温更适合它的成长。

2. 关于光照的适应

一般来说，攀援、匍匐植物不能直立，幼时常处于植被下层光照较弱的环境中,形成了光补偿点较低的耐阴特性,尤以幼苗和营养生长期的耐阴力更强并不耐强光照。金银花的特性更是如此。但过了幼苗期,当三四年过后,它形成了较大的枝蔓群,就不怕阳光直晒了。这时候,只要水、肥适当,较强的光照则有利于金银花开花与结果。

3. 对土壤要求不严

金银花是有土必生,但以湿润、肥沃、深厚的沙壤土最宜。这些条件不具备,它也能在土层薄、土少、砂多、瘠贫的土壤中生长。酸性或碱性土壤它也不挑剔。土壤 PH 值在 8.5 以下,有机含量 0.3% 以下,也能生长发育,甚至在石头缝隙里照样生长。这些都说明、证明金银花适应性广泛,生命力旺盛,抗性很强。为其广泛的应用和广阔的市场奠定了基础。

4. 在水分的需求方面,金银花还是比较耐旱的

山东、河南栽种金银花较多的地区农谚讲:“涝死庄稼旱死草,冻坏石榴晒伤瓜,不会影响金银花。”

一般而言,在土壤含水率 10% 左右的粗骨质土上,大多数树木花草已呈萎蔫状态,而金银花仍然正常生长开花。当然,在土壤水分条件适宜时,植株生长旺,冠幅大,叶茂花繁。土壤水涝时,叶片易发黄脱落。

全面地观察分析金银花的生物特性,它也并不是天不怕地不怕的怪物。在其生长发育过程中,就气温而言,金银花最怕两种天气状况:一是枝条密挤不通风透光,它会因此而密闭死亡。所以剪枝疏通是金银花管理中的一项重要工作。二是阴冷潮湿不见阳光,时间久了,枝叶会萎缩,甚至招致病虫害。如此看来,干燥、通风、喜阳是非常必要的条件。这对我们适应其特性,很好地栽培应用金银花无疑是十分重要的。

第二节　生态效应

根据金银花的上述生物学特征以及生态学习性，我们完全可以主动地充分地发挥它的生命特征，让其对我们人类的生存环境产生良好的生态效应。特别是在改革开放、谋求经济社会生态可持续发展的今天，只要我们善待金银花，用以治理石漠化、绿化大西北、扶持贫困山区人民致富、美化城镇环境、防治市区工厂空气污染，都具有巨大的现实意义和造福子孙后代的长远影响。

1. 栽种金银花治理石漠化已见成效

请看三则报道：

①2004 年元月 11 日，中国中央电视台新闻联播节目报道，贵州省在治理喀斯特山地石漠化中，在山坡、山顶种植金银花，起到了防止山体滑坡和泥石流灾害，防止了水土流失，起到良好的治理作用。

②2011 年 3 月 20 日，中国中央电视台新闻联播“我在基层当干部”节目中报道，贵州省一些乡镇基层干部宣传国务院扶贫办的文件，鼓励石漠化地区人民种植金银花、花椒耐旱、耐瘠贫土壤的经济作物。既改善了山区生态环境，又能增加农民经济收入，收到良好效果。

③2012 年 4 月 28 日，香港凤凰卫视“大地寻梦”节目报道，在中国西南地区，特别是云贵相邻的地方，如贵州的大方县、晴隆县、兴义县，过去石漠化很严重，农民辛苦一年所产粮食不足 200 斤，收入不足 200 元，遇到灾年，颗粒无收。大风刮起，将庄稼吹倒，甚至连根拔起；大雨下来把坡地庄稼冲走。山体塌陷，

泥石流摧毁家园。文化生态学者徐刚评论说：真是民不聊生啊！

自从2000年国家实施退耕还林还草政策以来，以经济扶持换取生态改善和发展，山区人民开始种植金银花、柳杉、花椒等品种，4－5年过去，变化巨大，不仅收入增加，生态环境从根本上起了变化。山绿草肥，人均年收入在2－3万元以上。那里的人们高兴地说，小小金银花，解决大问题。

金银花为什么适宜治理石漠化？根本原因在于金银花的生物特性和生态习性。

首先是根系方面。过去种粮食作物如玉米，本身根扎不实、扎不深，甚至因土层稀薄及石漠化等就扎不进去。而金银花主根深入土壤可达2米多，甚至根可扎入石头缝隙中，其须根繁多，匍匐地面的枝条很快就可在其节处扎根。就像龙爪一样，伸向四面八方，牢牢地抓住大地，奈何风雨不动安如山也。水土山石稳定住了，山体滑坡、泥石流等自然灾害就预防住了。

其次，花墩冠幅大，控制地面的范围广。俗话说根深叶茂，此话当真也。金银花根系那么发达，故其枝条抽出多，生长旺，五年生的花墩一般有200个左右的枝蔓，叶郁闭，大风刮不走土壤砂石，下大暴雨，雨滴也不能溅击地面。水土自然不会流失了。

第三，贵州地区虽不寒冷，却时有干旱，土壤贫瘠，石漠严重。而金银花在耐旱、耐贫瘠土壤方面的抗逆性却能发挥其优势，故能在治理石漠化中大显身手，建立奇功。

现在市面上金银花的零售价每公斤500元左右，而贵州农户说，在他们那里的收购价每公斤20－30元，显然偏低，但农户们不觉得吃亏，反而心气很高。他们说，坡耕地种的金银花，每年收入2－3万元很不错了。

2. 绿化大西北也要重视栽培金银花

国家关于西部大开发战略实施已有十多年了。基础设施建设成绩斐然,西部省区经济建设速度也不断提升。然而相对滞后的仍然是生态建设和民生问题。原因何在?可能很多,但笔者认为关键还是人们对生态环境地位的认识程度不够。

回顾我国历史上的西北地区,在东汉以前森林较为茂密,自然环境也适宜人类居住。此地区作为我国丝绸之路的起点,开创出一度繁荣的局面。但东汉以降,尤其是魏晋南北朝时期,生活在该地区的各民族不断进行垦殖砍伐,致使此地区荒漠化程度愈演愈烈。直至明清、西北地区的荒漠化已基本定型,曾经的繁荣早已不在。

所以历史告诉我们,繁荣昌盛、可持续发展的关键在于优良的生态环境。今日大西北落后的关键自然也是生态环境的恶化。故而国家在西部大开发的战略部署中就提出“再造一个山川秀美的西部地区”。这既是一个关键的中心议题,更是美好的蓝图。然而十多年过去了,西部的气候等生态环境虽不能说没有什么变化,但坦言之,好也好不到哪里去,有的甚至还在恶化。这使我想起了伟大导师恩格斯的话:**“我们不要过分陶醉于我们对自然的胜利。对于每一次这样的胜利,自然界都报复了我们。每一次胜利,在第一步都确实取得了我们预期的结果,但是在第二步和第三步却有了完全不同的、出乎预料的影响,常常把第一个结果又取消了。美索不达米亚、希腊、小亚细亚以及其他各地的居民,为了想得到耕地,把森林都砍完了,但是他们却梦想不到这些地方今天竟因此成为荒芜不毛之地,因为他们使这些地方失去了森林,也失去了积聚和贮存水分的中心。阿尔卑斯山的意大利人,在山南坡砍光了在北坡被十分细心地保护的松林,他们没有预料到因此却把他们区域里的高山**

牧畜业的基础给摧毁了；他们更没有预料到，他们这样做，竟使山泉在一年中的大部分时间内枯竭了，而且在雨季又使更加凶猛的洪水倾泻到平原上。”

（《自然辩证法》第145－146页，人民出版社1959年第一版）

今天我们重读136年前恩格斯的这些警告，再回顾我们共和国60年来的经济社会建设发展的历程，扪心自问，还一定要称谓我们是伟大的马克思主义者吗？

故此，世界的、中国的历史和当代的现实都告诉我们，在经济社会发展中一定要记住恩格斯的教导，将生态环境建设放在优先地位，统筹规划，协调发展，才有持续地健康的社会进步。而今西部大开发，其关键依然是绿化先行，生态优先。大规模地、持久不懈地植树造林、绿化山川，才有望一个山川秀美的新西部的出现，才能为全面建设西部创造条件、奠定基础。否则，大开发就可能是大破坏，耗资搞起来的物质财富会因生态环境的恶化而付之东流，遗患后代。就像被销蚀的丝绸之路、被吞没的楼兰古城一样。

适合大西北造林绿化的树种很多，如胡杨、松、柏、椿、榆、柳、皂荚、槐、杨等等，但这都是高大直立的乔木，而且很多树种多为冬季落叶不见绿了。为此，金银花作为攀援灌木植物，一方面在直立乔木不能生存的场所它可以生长，弥补其不足，另一方面，它“凌冬不凋”，适于北方冬季缺少绿色植物的需要。从生态系统生物多样性来看，重视乔木，也应珍视灌木花草。所以，无论从哪方面分析，金银花都可以成为西部生态建设中的一个优良树种。

首先，金银花不怕寒冷，在大西北栽种能经受住严寒的考验。不仅陕西、甘肃、宁夏栽种无任何问题，就是内蒙古、青海、新疆也完全可以种植。而新疆天山就有野生的忍冬品种。

其次,大西北除黄土高原外,瘠薄的土壤以及沙漠、砾土地区面积很大,一般植被很难存活,金银花因其耐瘠薄砂土、耐干旱等抗逆性特性,在这些地方也是可以种植的。

再次,在保持水土方面,金银花不仅在南方治理石漠化有作为,对黄土高原地区来说更能发挥良好的生态效应。它的根部与树冠不仅能固沙、固石,更能固土。种植在山区、高原、沟壑,能绿化荒山沟坡,固土保水,护堤保堰,防洪防旱。栽种在平原、沙丘,可防风固沙,减轻灾害。与其他植被并肩作战,改善西部地区的生态环境。

3. 脱贫致富金银花

我国偏远的山区、农村相对贫穷落后,不仅是交通不便,而且土地也较瘠薄,旱、涝灾害频多,种植一般的农作物产量低,实在难以脱贫致富。山东沂蒙山区、贵州石漠化地区在改造生态环境中种植金银花从而脱贫致富的实践经验值得借鉴。总结其好处有三点:

一是易栽、易活、易繁殖、易扩大规模。

金银花不像别的树种花草那么娇气难养。它一年四季都可随时随季栽种。或种苗,或扦插,成活率均在90%以上。一般来说,大面积扦插育苗在春末到秋季适宜,成活率更高。

二是成本低、见效快、效益高。

幼苗价一般品种约1株2角左右,亩用苗5000株,购苗费近千元。后面的规模繁殖完全通过自己扦插繁殖育苗了。三四年时间就可开花产药材。盛产期约在四年以后,亩产干花百十公斤左右,按目前的收购价每公斤50多元计算,产值约5000元。正常丰年亩产干花可达150公斤。应当说,经营好了,亩产值万元是可能的。金银花的用途越来越广泛,价值越来越高,市场价一直在稳中攀升,其收购价一定也会逐年升高。总体情况是南方金银花的价格低，北方价格高，山东、河南的收购价更高。笔者计算是按最低标准而言的。

三是开展以金银花为主体的多种经营效益会更好。

除销售药材外，如果已形成金银花园林的规模，那适时适季经营鲜花切花（即从植株上剪下供瓶养或装饰等用的花枝）、旅游观光、养蜂酿蜜、盆景苗木出售与制作等，效益会相当可观。更为重要的是带来的生态效应和身心健康，那是无法用金钱计算的。

第三节　美化家园

金银花的规模化栽种，不仅对大环境的土壤、气候、温度、湿度、经济社会协调发展等有良好的生态效应和经济效益，而且在市区、工厂、公园、家庭培养种植同样具有调节小环境温度、湿度、杀菌、减噪、抗污染的生态功能。上一节中心论述金银花对大环境的生态效应，本节则专门研究其对小环境的生态功能及对环境的美化装饰作用。

一、金银花的美化、净化作用

1. 金银花的自然美

金银花的藤蔓能缠绕攀援长达10多米，或攀援及顶，或下垂长吊，或腾空挺展，绿色一片，凌冬不凋，景色别致宜人。其老茎苍劲，盘曲蜿蜒向上，犹如龙盘蛟舞，美不胜收。

金银花的花色有动态之感，从白嫩到橙黄，时时在变，黄白相映，金玉生辉，满树芳香。相恋依伴，袭人幽香。白色花朵使人感觉洁净、清凉，黄色又使人明快、温暖。

深冬时节，万物凋敝，金银花的果子，珠圆黑亮，结满枝头，也不由得令你多瞧她几眼。有的品种其果实为红色，在雪花飘飘的冬季，更是“白里透红”，惹人喜爱。

金银花的茎、叶、花、果在形态、色彩、芳香、质感方面的整体特征均表现出其色香俱佳的自然美。

2. 金银花的意蕴美

观赏金银花的自然美，人们就会结合自己民族的、个人的、文化传统和文化素养，赋予它深刻的意蕴美。以物寓意、托物言情，使金银花的植物形象成为社会文化、民族价值观的载体，成为个人品德、操守的象征。具体说来，如人们观赏金银花的叶对生、花成双，黄白相映、凌冬不凋等自然特征，就赋予她高雅、纯洁、坚贞、美好的爱情意蕴，联想把花名誉为鸳鸯，寓意其花语为爱情的真切与专一，其诗情花意的诗歌流传下来有 10 多首而花趣故事处处可见。这就使金银花真正成为中华优秀文化一个典型的载体，其思想意识深深扎根于我们民族的心灵里，世代传承，永久铭记。

本书第一章赏花悦目曾用较大篇幅论述了金银花的意蕴美，内容包含漫话花名、倾听花语、诗情花意、轶闻花事、金银花香等，读者如有兴趣，不妨顺而再阅，也许会加深印象，增强美感。书读百遍意自明，诗情花语靠悟吟。

3. 金银花的净化功能

研究植物康体养生法的学者，将对人体身心健康有着明显保健功效的一类植物称为康体养生植物，其中就有金银花，康体养生指标为四星级。这类植物具有制氧、减尘、防风、保水、降噪、调节小气候以及产生植物精气和空气负氧离子等康体养生功能。金银花的特别之处还在于它有净化功能，对氟化氢、二氧化硫等有毒气体有较强的抵抗力。

二、金银花美化、净化的应用形式

对于金银花的应用,在美化、净化功能方面,其形式是多种多样的。而规格最高者,首推山东省的青岛市和辽宁省的鞍山市。这两个城市的人民对金银花情有独钟,经过推荐、投票,万花之中选中金银花(忍冬)作为该市的市花。青岛市命名忍冬为市花之一,鞍山市命名市花为金银花。这实乃金银花之万幸也。

市花者,乃为该城市市民普遍喜欢、种植并经确认为该市象征之花也。这两个城市的人民其所以喜欢金银花或忍冬,自然是那里生态环境的需要,而且受到当地历史文化及人文背景的深刻影响。笔者衷心祝福金银花(忍冬)给两市人民带来团结和睦、充满爱心、幸福安康的生活气氛,并且有金有银,富贵一方。

在市区、工厂等空气污染较重的区域尤其可选用能抗污染和能吸收有毒气体的金银花来栽种,不仅能达到观赏目的,还可降低空气中的有毒成分,改善空气质量。

金银花的应用形式及其观赏特点通常有十四项:

1. 绿柱。对于灯柱、廊柱、大树干等粗大的柱形物体,可选用缠绕性的金银花慢慢地盘旋形成绿线、绿柱或花柱。

2. 绿廊、绿门。选用金银花等攀援性植物植于廊的两侧并设置相应的攀附物使它们攀附而上并覆盖廊顶形成绿廊。也可在门梁上用金银花的攀援缠绕形成绿门。

3. 栅架。栅架是园林绿化中最常见、结构造型最丰富的构筑物,在大型公园中几乎都有。使用的攀援植物的品种也不少,如紫藤、葡萄、凌霄等10多种,而金银花也是比较合适的优良品种。古诗云:“花发金银满架香”是也。

4. 绿亭。这只是花架的一种特殊形式。通常在亭阁形状的支架四周种植金银花,让其向上攀附,形成绿亭。

5. 篱垣与栅栏绿化。常用的季节性的植物品种如丝瓜、牵牛等,较长久而耐冬的有爬山虎、藤本月季和忍冬等。栽种这些植物使其攀援、披垂或凭靠篱垣栅栏形成绿墙、花墙、绿篱、绿栏。不仅可以绿化而且也可净化空气,形成良好的生态效益。

6. 墙面绿化。墙面绿化一般面积较大,生态功能较好,而且也是一种建筑外表的装饰艺术,观赏价值也不错。使用的植物多为吸附型攀援植物直接攀附墙面,如具有粘性吸盘的爬山虎、岩爬藤和具气生根的薜荔、常春藤等。另外也可在墙面安装条状或网状支架供植物攀附,金银花的使用就适于这种形式用以绿化墙面。当然也适于披垂或悬垂的形式。

7. 屋面屋顶绿化。常见的形式有屋面地被覆盖、栅架、屋顶小花园等形式。而在屋顶上种植的植物有别于地面,应选择适应性强,耐热、抗寒、抗风、耐旱的阳性至中性的植物种类。金银花绝对是比较适合的品种之一。

8. 阳台、窗台绿化。这是城市及家庭绿化的重要形式,一些好的建筑在建造设计上就考虑了花槽、花架的设置以便于绿化与美化。如果没有绿化设施,也可利用现有条件进行绿化。如在南阳台或北阳台上种植几株金银花,让其沿着安全护栏网纵横交错、攀援向上,形成一道道绿色的风景线。春天观望其发新芽、抽新枝,冒花骨朵,日新月异,茁壮成长。夏初就能赏花悦目,还可嗅到银花阵阵清香。别看这小小天地,还能吸引蜜蜂采花酿蜜,点点滴滴,花间飞舞,一派田园自然动感风光,令人陶醉。秋季时节,满眼深绿,藤蔓枝叶,郁郁葱葱,虽然花儿已稀少凋零,但果实却已结满枝头,繁密时压得枝条弯弯，风摆摇头。这时你能感悟到，真的是春华秋实，物候天成。北方的冬天，不耐寒冷的花木得放入暖房，否则会冻坏凋败。而阳台外攀附的金银花在大雪天依然会迎风傲雪，叶绿芽青，凌冬不凋。尤其那结在枝条腾空而立的银花籽，颗颗珠圆，黑泽光亮，时不时吸引麻雀们前来观望噪闹一番，吞食不下，败兴而去。而喜鹊、斑鸠类的大鸟只要光顾几次，果实也就被吞食得所剩无几了。可惜吗？一点也不。它们之间物竞天择的故事会给肃寒的冬日带来勃勃生机，“万类霜天竞自由”嘛。

以上描述并非杜撰，实乃笔者与亲手种植的金银花四季相伴而得出的深切感悟。乐乎哉，乐乎矣。

9. 室内绿化。被禁锢在钢筋水泥四壁之中的城市居民，室内绿化成为人们无奈的共识。栽种也就越来越繁荣兴盛。由于室内环境的特点，室内绿化植物多要求具有一定耐阴性，通常适用盆栽。金银花属于半阴半阳植物，通过修剪其茎蔓，促其直立成矮墩型，就非常适宜室内绿化应用了。它不仅像一般植物的生态功能那样，吸收空气中的二氧化碳，放出大量氧气；花叶吸附室内灰尘，花香润人肺腑等，而且还可以对有毒气体如氟化氢、二氧化硫等起到抵御作用，金银花开时通过释放出的挥发油更有杀灭细菌的作用。这一切就可达到净化室内空气的目的。

10. 山石绿化。主要是指公园中的假山、巨石用攀援、匍匐、垂吊植物攀附其上，使山石生姿，更富自然情趣。忍冬藤是常见应用植物之一。

11. 护坡、堡坎绿化。前面已经说过，金银花在山区栽种，不仅改造土壤，保持水土，而且由于根深叶茂枝条多，是护坡、堡坎、固堰的好品种。五年以上的生物堰，即可达到土地堰无沟蚀,石地堰无坍塌。因而用于城市护城河、交通道旁绿化是很适宜的。

12. 花坛、地被应用。金银花被广泛地应用于花坛中的三维立体造型和地被植物,在林缘、疏林下、路旁地被上均可栽植。秦岭山麓小道两旁野生的金银花处处可见,踩不死,踏不烂,顽强护路。

13. 草坪绿地应用。对于金银花来说,主要是草坪护守的应用。栽种于草坪四周为宜,而且经常修剪,以矮化墩为主。

14. 盆景应用。一般而言,攀援木本植物是较为理想的盆景材料。金银花在攀援植物中更有其特点:主干短粗,藤蔓韧性强,可随意弯曲培养奇特造型。老龄树茎蔓扭曲多姿,攀附者,悬空之,均具有苍劲古拙、意境深远之感。其主根多半可空露爪显,自然雄奇。

金银花生命力强,寿命长达 30 多年,常修剪,常萌新芽。有土必生,成活率特别高。故此,北京市盆景研究会副会长、著名盆景专家马其文称赞说:“金银花名称好,有金有银有花,是富裕幸福的象征。”

第五章　愿景展望

小小金银花的前途与命运，自然与中医药的衰落与兴盛紧密相连，而中医药的兴衰更是与我们国家的命运休戚相关。

百年以来，国家内外受困，多灾多难，贫弱交集。“废止中医”之声甚嚣尘上，中医的危机贯穿整个国家的贫弱时期，即使现在，我们偶尔还能听到这样的声音。但可喜的是，随着改革开放和中国的迅速崛起，我国已成为世界第二大经济体，中国人民实现民族复兴的夙愿指日可待，中医药也开始走上健康发展的轨道。为此，展望金银花的前景就有了可靠的背景和坚实的根基。更为有利的是，随着科学技术对金银花的深入研究和开发，发现其用途甚广，市场看好，前景自然是一片光明。

第一节　自信与机遇

中医药在中国五千年的沧桑变化中，始终呵护着中华民族健康成长，一脉相承，从未中断。这期间虽经历了近百年生死存亡之争，不仅没有被骂倒，反而是历久弥新，兴旺发达。特别是进入21世纪以来，中医药在战胜“非典”、“禽流感”中发挥的独特作用，以及国务院确认、表彰百名“国医大师”之后，影响极大，深入人心。老百姓更加认可中医药了，名老中医诊病一号难求。究其因从根本上说还是我们民族医药本身的坚守和自信。“西风烈”时不妄自菲薄，“东风强”时更不妄自尊大，依然从中国实际出发，走适合人民需要的特色中医药之路。正如人民科学家钱学森所言：**“我一直宣传中国的传统医学，几千年的实践所总结出来的经验确实是我们的珍宝。但过去乃至现在，有许多人认为这与现代科学对不上号，实际上，恰恰是我们祖国医学所总结出来的东西跟今天最先进的科学能够对上号。”**所以，钱老预言：**“医学的方向是中医的现代化，而不存在什么其他途径，西医也要走到中医的道路上来。”**

故此，在走向中国特色的中医药现代化的道路上，我们底气十足，信心饱满。仅就金银花而言，十多年时间，对其的认识、开发，就取得很大成绩。

1. **在宣传、普及方面，**《金银花》专著、《金银花高产栽培技术》、《保健花卉》、《康体养生必备植物》等书刊，连续不断，年年有新版发行。2011年、2012年连续召开的金银花节暨金银花高峰论坛，把金银花的普及宣传工作更是推向高潮，真乃可喜可贺。

2. **在科学研究方面**，对金银花的药理探索不断深入，化学分析更为详细，发现金银花“清热解毒”的功能因其含有大量“绿原酸”所致。近年还有研究认为金银花可解艾滋病毒，故曾有美国一代表团到哈尔滨与一家药厂商谈引进“复方金银花制剂”事宜。更为可喜的是在金银花高峰论坛会上收到的科研论文有75篇。在此基础上，刘嘉坤等专家学者，结合查询500余篇最新金银花研究文献，编写了《金银花研究应用新进展》一书，推动了金银花事业的发展。

3. **在推广种植研发方面**，绿化大西北、治理云贵地区石漠化，迎来了金银花大面积推广种植的最好历史时期。特别是贵州安龙县“30万亩金银花基地”正在建设中，其所在的德卧镇正在建设西南最大的金银花交易市场，通过广西的金银花出口渠道已经建立，安龙县的金银花产业带动了黔西南州经济的发展。

而且在一些省区普遍栽种的同时，山东、河南、安徽出现了专业化的种植生产方式，相继成立了几个大型的金银花开发有限公司或经营中心，集种植、研发、加工、销售为一身，走上健康发展的道路。

湖北、安徽有几家专门的育种基地，研究、培育出如“树型高产金银花”、“四季金银花”、“红金银1号”等高产兼观赏的新品种。据《金银花研究应用新进展》一书介绍，山东平邑“九丰一号”为国家认证的最优良栽种品种，正在大力推广种植。

总之，伴随着中医药的现代化、大繁荣、大发展，金银花也必然是前途似锦，机遇良多，黄白相映，成绩辉煌。

十多年的实践证明，笔者当初动笔书写金银花时的美好夙愿正在逐步实现，梦想日益成真，令人惊叹！其突出的事实是2011年5月21日、2012年5月19日，中国首届、第二届金银花节暨高峰论坛在山东临沂相继召开，盛况空前。这两次活动集中了国内外的金银花农业种植、种质资源、植物生态、工业生产、药学研究、教学科研、临床应用研究、文化旅游、综合利用研究等方面的专家学者、企业家，涉及了产业链的各个环节，是金银花产业大发展的开端性的极为重要的活动，对于推动金银花的新发展，推进金银花产业现代化，提高金银花产量、质量等等方面将会产生深远的影响。更难能可贵的是，这次活动的首倡是一位农民，他的倡议得到了国家有关部门、当地政府、企事业单位的积极响应和大力支持，使这两次活动得以顺利开展。这也从另一侧面说明金银花产业发展的迫切性，说明了新时代农民精英的伟大推动作用。故此，张伯礼先生在《金银花研究应用新进展》的书序中号召："希望有志于发展金银花的组织和个人，要从各个角度继续深入研究，开发金银花，从实践中的问题和困难入手，以需求为导向，从理论上搞深搞透，从应用上拓宽领域，在使用上严格执行标准要求。其他中药材也要借鉴金银花产业发展的做法，每个品种逐个进行研究，扎扎实实地做下去，我们的中药就大有希望，中医药才能做到顶天立地，担负起维护人民健康的重任，才能走出国门，走向世界，提升我国的软实力，为人类健康做贡献。"

第二节　用途与市场

金银花的用途较为广泛，从药品、功能性食品、保健品、园林观赏、树桩工艺品到绿化、治沙、治碱、治石漠、治土、固堤防洪以及家禽养殖、兽医药品等等，都是大有作为的。故而其市场前景十分广阔、深远而持久。

一、药品及药材市场

金银花以其是清热解毒第一花，通络活血药性强而著称，其药用价值一直为中药材市场上大宗的常用贵重药品。从古至今，经久不衰，日益旺盛。1984 年国家中医药管理局确定金银花为 35 种名贵药材之一，1986 年国务院确定金银花为“中药材管理品种和实行《出口许可证》品种”，2000 年被国务院确定为 70 种名贵药材之一。

金银花在药材市场的药材呈现，一是干燥的花蕾；二是金银花的藤蔓枝叶，或鲜或干，名称为忍冬藤；三是华南产地者名为山银花。

近几年，进入全国药材市场的金银花销售量由过去的 500 多万千克，增长到 900 多万千克，但仍然不能满足国内市场的需要。据估计，以国内市场为主的需求量每年约为 2000 多万千克。现在的可供量年仅 1200 多万千克，还远远达不到市场需求，差距相当大。

以金银花为主要成分之一的中成药药品类市场也十分活跃。不仅经方“银翘解毒散”（片、丸）等一直畅销不滞，而且其他由金银花配伍的几十种上百种新型中成药剂也比较畅销。这几年常有含金银花的新型药品问世。甚至一些老牌中成药，为了打开销路，不得不改成与金银花相关的新名称。如某厂生产的双黄连片，虽然也含有金银花成分，防治感冒的效果也不错，其中名称中的“双”字也有金银花为“双花”之意思，但不响亮，不醒目，销路不大好。厂家深入进行市场调查，了解市场对金银花名称的认知度及人们的心理需求，经重新审批定位将“双黄连”改为“复方金银花”，精装上市，销路即刻通畅多了，由此可见金银花在人们的心目中有多么高的知名度和信任度，在市场上有多么大的吸引力。

可以期待的是，随着中国国际地位的提升，经济科技的发展，中医药及其中医药文化在全球的宣传、推广和应用，中医药及药品包括金银花在内，一定会有更为广阔的海外市场。

二、保健食品、日用保健品及化妆品的开发市场潜力巨大

我国的保健食品其优势之一就在于中医药传统的药膳，又称食疗、食养。唐代药王孙思邈之《千金方》有食疗专篇，其高足孟洗更是首著《食疗本草》。近些年来，保健食品日益受到重视。据说如今全世界，用中医药保健食品防治疾病、补气、健脑、养生者已达5亿多人口。特别是2002年，国家卫生部公布确定金银花为药食兼用品种后，以金银花为原料的功能性食品发展迅猛，相继出现的新型产品有金银花酸奶、金银花保健奶、金银花糖果、金银花汽酒、金银花啤酒、金银花酒、金银花冰激凌等等。与此同时，过去常受人们青睐的金银花泡茶饮也出现许多新品种，除王老吉、加多宝、和其正等金银花凉茶外，陆续推出的金银花复合饮料多达数十种，如金银花露饮品、金银花－绿茶饮料、金银花－菊花饮料、金银花－菊花－苦瓜饮料、金银花－苦瓜－淡竹叶保健品饮料、金银花－芦荟饮料、金银花－银杏叶保健饮料以及忍冬可乐等。据调查，目前有93%的儿童、78%的老人和50%的中青年均消费保健食品，95%以上家庭常备有包括金银花保健食品、饮品在内的不同类型的营养保健品。这一切都说明金银花保健食品、饮品的市场前景十分广阔，且潜力巨大。然而，我国的保健食品包括药膳制品依然处于初级阶段，品种较少，质量不稳、规模不大、包装简易，缺少品牌，故在国际市场缺乏竞争力，在国内市场也难持续。英国报业《金融时报》评述，在全球最具价值品牌百强排行榜上，“虽然

中国在这一榜单上稳步前进，但‘品牌中国’很大程度上仍处于襁褓之中。”

（2012年5月23日《参考消息》）

对于金银花来说，尽管它是一种非常可贵的药食兼优的保健品原料，无任何毒副作用，其传统的药膳配方及其功能也很好，但目前开发利用的程度还是相当粗浅的，诸如清咽爽口降火的几种金银花含片、茶、饮料、糖果、花露水等，尚未深入到金银花抗衰老的产品领域。如能顺着开发金银花蜂蜜，进而下大力气开发金银花花粉食品、化妆品，无疑是极富挑战性、极有意义的事业。

金银花是一种蜜源植物，花朵繁多，雄蕊健壮，香气幽远，招蜂引蝶，花期又长，甚至四季有花，为多方面的搜集讯息、研制新品提供了有利条件。

金银花的花粉价值很高，是一种全阶高能安全无毒副作用的营养源，对人体有滋补、美容、保健作用。近代研究证明，花粉能为人体组织细胞的生长和修复提供丰富的原料，增强免疫系统的功能，抗衰老，利养生。正如我国唐代李商隐诗云：“借问健身何物好，天心摇落玉花黄。”

金银花日用保健品及化妆品进入商品市场仅仅是开始，如金银花牙膏、金银花花露水，金银花香皂等，陆续上市也不过八、九年的时间，虽然销路不错，国内消费者一般还比较满意，但依然产品单一，质量不高，缺乏国际竞争力。深层次的开发利用金银花任重而道远。

三、苗木花卉及园林工艺市场

金银花苗木市场这几年发展较快，而且批量较大。一是城市绿化；二是农业经济结构调整中用于中药材种植、国家治理沙漠、荒山;用于石漠化治理、防洪固堤、改造土壤、保持水土。2005 年 5 月全国生态经济与绿色产业研讨会在山东省平邑县召开,会议对于平邑县全面推动金银花产业向商业化、专业化、现代化转变,并为全国各地提供优质苗木、负责推广示范并进行技术服务给予高度评价。

平邑是全国“金银花之乡”,其年产量占全国总产量的60%—70%。金银花苗木市场发达,交易活跃。金银花形成的系列产品产业,成为这一地区的支柱产业。

此外,河南、湖北、安徽金银花苗木市场也比较活跃,都有一些专业的苗木公司常年经营,还可以异地邮寄苗木或种子。苗木的价格平均每株约 15 元左右,因品种不同,价格有所增减。苗木大小,也是影响价格高低的重要因素。一般胸径在 1-2 厘米的金银花植株,价格都在 20 元以上。个别苗木公司也出售种子,每袋万粒,价格在 200 元左右。大面积栽种的普通金银花苗木相对便宜,大约 1 株 1-2 元左右。但观赏苗木相对便宜,大约 1 株 1-2 元左右。而用于观赏性红色金银花苗木相对贵点,1 株大约 20-30 元不等,尚有百元左右 1 株的金银花,购买时已可见花朵了。最新研究培育的“九丰一号”金银花优良品种乃为山东省平邑县九间棚农业科技园有限公司出品,也有苗木出售。

金银花的鲜花市场没有形成,只有零零星星,十分清淡。虽然金银花花开时不仅外形高雅,而且芳香浓郁,但却一直没有形成鲜花市场。原因大概就是古人说的“但为补药,不言为花”吧!当金银花刚要含苞开放时,人们就早早地采摘药用了,哪里还有专供开花欣赏的花朵呢?现在的情况,有些变化,但要看到金银花的鲜花市场可能还要耐心一点儿。不过园林、家庭种植的金银花,主要还是用于观赏了。我十多年来种植的金银花就是以观赏、切花为主，舍不得采摘，日久生情嘛。

金银花在园林工艺方面用途相当广泛，关于园林绿化和物业园艺的 14 项用途，本书“第四章第三节美化家园”中已介绍过了。这里我们想强调的是金银花作为攀援灌木非常适宜物业园艺，立体绿化——绿化建筑物的外墙和屋顶，向空间要绿地，改善环境，进而促进城市居民的身心健康。因为墙面、屋顶绿化后就为城市穿上了绿衣，家家就有了氧吧！法国每年绿化屋顶 15 万年平方米，德国则高达 1400 万平方米。德国有 40%的城市都出台相应的措施鼓励屋顶绿化。瑞士从 1994 年开始要求城市所有大型建筑物一律都要绿化楼顶。我国北京、上海等地重视建筑物绿化问题也提到了议事日程，特别在奥运会、世博会前后动静比较大。西安世园会前后也有一些作为。

2014 年 9 月 2 日陕西电视台“今日点击”栏目，报道赞扬了西安外国语大学郭杜新校区屋顶全面绿化、西安西荷住宅区“空中花园”的典型实例，颇受听众欢迎、重视。

在实际操作应用时，一般把金银花分成四类：

1. 按园林树木生物习性分类，金银花属于树体短小、无明显主干的灌木类，作为园林中高大主体乔木的补充还是蛮好的。

2. 按树木的观赏特性分类，金银花的花、果、叶、茎都有观赏价值，内容丰富，可观性强。

3. 按绿化用途分类，一般都把金银花归为庭院攀援花木类以及地被或主体绿化类植物，在城市及家园绿化中大有作为。

4. 按绿化结合生产实用性分类，金银花首先属药用植物，其次是观赏花卉，再次就是树桩盆景植物。

金银花树桩盆景是近几年才兴盛起来的。其用途很多，不仅家庭中客厅、居室、书房可以摆放，公共场所的大厅、走廊更是必备的绿化、观赏植物。用以美化、香化我们生活的环境,其市场前景是非常广阔的。

此外,金银花植株藤条还是制作手工艺品的好原料。其藤条柔韧、细软,能随意编织成各种造型的手工艺品,如花篮、线盘、食用盘、鸟笼、鱼篓等,可谓类别多多、美观实用,深受爱好者欢迎,并具有较强的出口竞争力。

四、饲料养殖及畜禽疾病防治药物也是一个很大的市场

饲料业在我国是一个新兴产业,随着大规模集约化养殖,饲料业成其龙头产业,发展前景十分看好。金银花是饲料添加剂的优质原料,因其含有丰富的氨基酸、葡萄糖和维生素、微量元素等,不仅对人体有保健作用,而且对畜禽养殖来说就是很好的饲料。既能促其健壮生长,又可防病治病。

在畜牧饲养业防治动物疾病方面,金银花药物制剂用量也很大。如在兔病治疗上应用金银花等配伍中药对防治兔子感冒、兔肺炎、兔口腔炎、兔气管炎等,效果都比较显著。一般来说,禽兽类消炎抗病毒药物中几乎都含有金银花成分。

在金银花种植业发展的基础上,还可以适当地因地制宜发展养殖及养殖业:一是养牛羊等牲畜,二是养蜂,三是养殖食用菌类。这是一个非常健康、科学合理的生物生态产业链,也是提高金银花种植的附加值、促进金银花产业发展的有效途径。

第一,金银花种植过程中,每年都要进行冬剪和夏剪。夏剪也称绿剪,剪下来大量的幼嫩的枝叶,就是很好的牲畜饲料。冬剪的枝条粉碎亦可为饲料。好处有三:一是金银花枝叶饲料含有丰富的营养物质,促进牲畜成长;二是金银花藤叶也是清热解毒通络的药材——忍冬藤,作为饲料,牲畜食后可预防疾病,健壮成长;三是口感好,牲畜适口性强,喜食。所以对于种

植户来说,发展养殖业就有了得天独厚的条件。

第二,养蜂业之蜜源植物之一金银花,是蜜蜂喜采的香花之一,花繁,时长,清香,其所酿蜂蜜具有极高的营养保健价值。

第三,金银花修剪下来的枝叶可作为食用菌培养基,以此养殖的平菇、香菇,生长、繁殖旺盛,含有绿原酸、木樨草苷等活性成分,赋予了食用菌更好的保健功能。据《金银花研究应用新进展》书中介绍:"河南封丘以金银花叶茎为原料开发成功的食用菌已有10个品种,年产鲜菇700万千克"。

五、绿色农药市场潜力深远

整个20世纪是人类大量施用剧毒化学农药如DDT等最疯狂的时期。只图杀虫见效快、成本低,几乎成为世界各国的主流意识。但谁又能料到,由此而带来对环境的严重污染和对生态的破坏。直到1962年美国人雷切尔·卡尔逊在其著作中发出强烈的警告:杀虫剂威胁人的健康。杀虫剂将影响整个生态系统。一个无鸟鸣唱的"寂静的春天"指日可待。于是,人类就开始了保护环境、发展新型农药的新实验。近十多年来,不仅一批高效、低毒、低残留的农药问世,而且一种环保型、无公害的植物性药物杀虫剂也研制成功。最为突出的就是用金银花及忍冬藤、苦参等为原料研制的植物性杀虫药品相继问世,无化学毒副作用。对人体也无三致(致癌、致畸、致残)。对环境无三废污染。高效、广谱、低毒或无毒。这一重大成果的意义,不仅为金银花等一批中药材作为绿色农药原料提供了依据,同时也为全世界农药发展指明了方向。

第三节　价值序列与图表示意

钩沉金银花的使用价值和人文价值的方方面面，大体可归纳为以下十项：

第一，药用价值：人类及动物在预防、治疗疾病时，金银花的独特作用是不可磨灭的。

第二，食用价值：亦药亦食的品性，使金银花食用价值大增，特别是保健功能食品、饮品愈来愈受到市场的青睐，人们的欢迎。养生保健，“久服轻身”。

第三，观赏价值：观花，金银相伴，清香袭人；观藤，龙盘凤绕，腾空出世；观果，黑如珍珠，红如玛瑙。流连忘返，感慨万千。

第四，环保价值：绿化荒山易成活，固沙丘治石漠，防护水土流失，防有害气体污染，乃生态效应良好的植物资源品种。

第五，园林园艺价值，美化香化城镇家庭：城镇公园、街心花园、院落村庄、高楼阳台，或栅栏，或门庭、壁挂、圆柱，都是金银花大展身手的用武之地。美化环境，有益身心健康。

第六，工艺价值：金银花树桩盆景千姿百态，四季飘香。藤蔓枝条作为手工艺品原料更具开发价值。两项手工艺术品，均有观赏、实用价值，前景看好。

第七，养殖价值：有三个层次，一是本属蜜源植物的金银花自然是养蜂酿蜜好产业的好基础。二是修剪整形后的“下脚料”，却是牲畜的好饲料，开展养殖何乐而不为呢？三是这些“下脚料”还可以作为食用菌的培养基，变废为宝，价值倍增。残渣及畜粪更是还原于金银花生物链的好肥料。

第八，日用化工价值：以金银花为原料的日用化工产品及其化妆品，是近年来新兴的一项产业，其最大特点的保健功能，护牙护肤，消毒美容，这是继金银花药用、食用价值之后，第三方面的价值体现，方兴未艾，不可估量。

第九，人文价值：以金银花为载体，自古至今，讴歌金银花的诗词歌赋，音容图画，轶闻趣事，民间传说，花语真情，千古扬颂，其浓厚深远的人文精神，完全融化于中华文化的血脉之中。特别是金银花的中医药养生文化更是民族珍宝。

第十，旅游观光价值：金银花基地既是生产基地，更应是园林、园艺、休闲观光的好去处。笔者期望，所有金银花的种植基地、农家农户，在规划种植金银花时都要考虑到吸引人们前来旅游观光的设施安排，这绝对是一个综合性的利国利民也利己的大产业。独具特色，让人神往。观花，银光闪闪，金色灿灿；欣赏金银花的树桩盆景，有探戈式的载歌载舞，热情奔放；更有苍劲有力的岁月沧桑；还有恩恩爱爱夫妻景象。一年四季，均可开放观赏、销售。人们来到这里，尽可以享受到观花并采花、制茶并品茶，文化娱乐与知识博览、消费购物与健康益寿。可以说，金银花旅游观光就是人们中医药文化养生的大课堂，陶冶情操，心情舒畅，获得知识，懂得顺时序、和喜怒、调刚柔地养生生活，像金银花一样，耐严寒而“凌冬不凋”，重真情而“处处同心岁岁香”。

笔者把这一项放在本书上篇之最后，作为价值序列的小结，实在是多年来的梦想，但愿我们的“金银花梦想”成真，全国处处都有金银花种植基地，供旅客参观访问，那该是多么美好而有意义的事情啊！

梦想成真的基础、核心就是首先种植金银花，建立规模性的基地，没有扎扎实实这一番工夫，一切皆为空想。在这方面，山东省平邑县九间棚村人民及其带头人刘嘉坤为我们树立了榜样。祝愿读者朋友读一读他主编的《金银花研究应用新进展》一书，书中规划的金银花综合开发利用蓝图，会给您留下深刻的印象，更会有所感触。为此，笔者将表图稍加变动全录如下，供大家赏析、展望。

金银花综合开发利用示意图

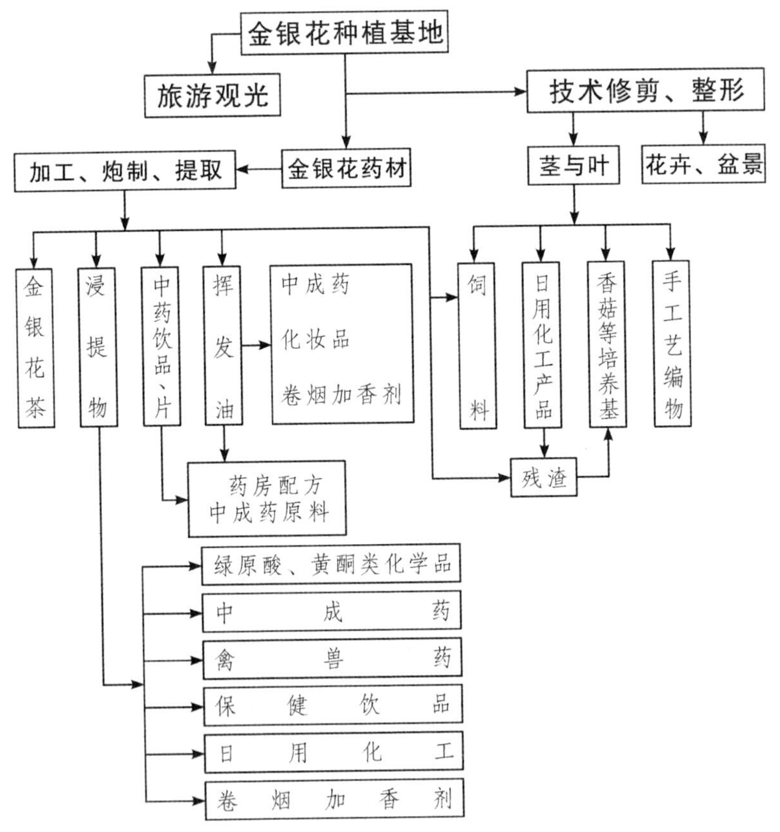

下篇 栽培说

第六章　历史源流

栽培篇将从金银花的源流开始，论述金银花被我们祖先发现、应用，进而进行研究、栽培的历史概况，以期给读者介绍一些优良栽培品种及金银花药材采收、树桩盆景制作的科普知识。

第一节　渊源与分布
第二节　品种与变异品种
第三节　优良栽培品种

第一节　渊源与分布

金银花原产中国，全国大部分地区均有野生品种资源，至今依然。这个结论从目前的历史资料来看，大家的认识是比较统一的。

金银花的药用价值是我国首先发现并应用于防病治病的。这一点也是肯定无疑，至于最早是什么时期，目前资料不一，尚有分歧。

一说是秦汉时期，其依据《神农本草经》；

二说是南北朝时期，其依据《名医别录》；

三说是隋唐时期，其依据是《新修本草》；

四说是南宋时期，其依据是《履巉岩本草》。

笔者以为，目前其所以有这几种说法，在认识上不能统一，是因为几个概念没有分清楚，更没有抓住问题的实质。应该是从我们祖先记述《神农本草》的先秦春秋战国时期就发现认识了金银花的药用价值，这是一个历史发展的过程，没有这个过程就不可能出现后来几本文献的不同记载。从忍冬藤到金银花的不同记载，只能说明人们认识的不断进步和深化，源远流长，一脉相承，这就是中医药发展的可贵之处。虽然一些学者着重研究忍冬、忍冬藤、金银花的名称变化，确有必要、也有意义，但不能因此划分人们认识金银花的最早时期，更不能割断历史一脉相承的过程。笔者以为，我国对金银花本草的发现、认识、应用已有两千多年的历史大概可以肯定。至于栽培的历史相对来说就短一些，最早有记载的是宋代《苏沈内翰良方》，说其物“可移根庭间，以备急”。而较大规模的栽培，至今大约二三百年，从明末清初逐渐开始栽培金银花，形成规模，上市销售。据清代《植物名实图考》称，当时已经盛行栽培金银花，不仅入药而且入茶，市场需要量增大，栽培自然就跟上来了，面积扩大，发展迅速。其中河南、山东、安徽、江苏等其地区栽培历史较早，产量、质量至今也是全国的佼佼者，不过，近年来贵州发展很猛，其一个安龙县就正在建设“30 万亩金银花基地”，大有后来者居上之势。

金银花在我国的分布较广，这点认识也是统一的。但广到什么程度，范围如何区分，却有不同的版本。据刘守明、储农编著的《家庭种花养生》所云：“金银花原产我国，北起辽宁，西至陕西，南达湖南、西南至云南、贵州等地均有分布和栽培”。而在姜会飞主编的《金银花》一书中，对不同品种金银花的分布有明确的界定，而且认定“忍冬是忍冬层分布最广的种，目前除西藏、新疆、青海、宁夏、内蒙古、黑龙江和海南无自然生长外，全国各地均有分布”。

红腺忍冬分布于安徽、浙江、江西、福建、台湾、湖北、湖南、广东（南部除外）、广西、四川、云南。

山银花，主产于广东、广西及海南。

毛花柱忍冬多分布于广东、广西。

除忍冬、红腺忍冬、山银花和毛花柱忍冬外，忍冬属多种植物的花蕾、茎、叶、果实在不同地区作为药用，也是合法而普遍的。

淡红忍冬，分布于陕西、甘肃、安徽、浙江、江西、福建、台湾、湖北、湖南、广东、广西、四川、贵州、云南及西藏等地。

细毡毛忍冬，产于陕西、甘肃、浙江、福建、湖北、湖南、广西、四川、贵州、云南。

灰毡毛忍冬，产于安徽、浙江、江西、福建、湖北、湖南、广东、广西、四川及贵州。

卵叶忍冬，产于云南西部（腾冲）和西藏东南部（墨脱）。

短柄忍冬，产于安徽南部（黄山、青阳）、浙江、福建北部、湖北西南部、湖南、广东北部、广西东北部和东南部（陆川）、四川东南部、贵州东部至北部及云南南部（建水）。

皱叶忍冬，产于江西西南部、福建中北部和中南部至西部、湖南南部、广东及广西东北部。

滇西忍冬，产于云南西部（盈江）。

盘叶忍冬，产于河北西南部、山西南部、陕西中部至南部、宁夏和甘肃的南部、安徽西部和南部、浙江西北部和南部（龙泉）、河南西北部、湖北西部和东部（罗田）、四川及贵州北部。

新疆忍冬，其忍冬属植物有10余种，多产于新疆北部。

匍匐忍冬，产于湖北西南部、湖南西北部（桑植）。四川东南部和西南部、贵州西部（毕节）和北部（道真），云南（麻栗坡）。

云雾忍冬，产于江西西部和南部、湖南西南部和南部、广西东北部、四川（达县）及贵州中部和南部。

川黔忍冬，产于四川西部至南部和贵州东部（盘县、毕节）。

不仅如此，在日本、朝鲜半岛、尼泊尔、越南也分布有金银花并进行栽培。越南发行的一枚邮票上专门设计有金银花图案，足见其珍惜、爱护之程度。据《药用动植物种养加工技术》一书指出：金银花“在北美洲逸生成为难除的杂草”。

这一切都说明，金银花及其忍冬类植物分布非常广泛，一些资料及人们的认识、了解则是有限的，出现一些不同意见是自然、正常的。且莫要缺乏根据粗暴地否定某地某区的金银花价值，这样做不利于整体金银花事业的发展。

第二节　品种与品种变异

《中国药典》1995 年版收载的金银花药用品种只有四种：忍冬科植物忍冬、红腺忍冬、山银花、毛花柱忍冬。这四个品种的花蕾药用名称法定为金银花。实际情况是，我国金银花的品种非常丰富，远在十种以上，除忍冬、红腺忍冬、山银花和毛花栓忍冬外，在各地地方上作为药用的品种有淡红忍冬、卵叶忍冬、短柄忍冬、细毡毛忍冬、灰毡毛忍冬、盘叶忍冬、滇西忍冬、新疆忍冬。不仅如此，根据《中国植物志》的分类，在各地生态条件下，长期受土壤、气候、水分、阳光等因素的影响，还形成金银花异常丰富复杂的种内变异类型，如四川峨眉忍冬是细毡毛忍冬的变种，净花菰腺忍冬是原亚种菰腺忍冬的亚种，异毛忍冬是灰毡毛忍冬的变种等等。

如此丰富多样的品种资源，如何区别辨认呢？途径有三：一是《中国药典》《中国植物志》和《中药大辞典》上有图有解，论述翔实；二是《金银花》（《中国中医药出版社》2001 年版）上也有详细描述。三是，对于一般读者来说，抓住金银花不同品种的植物形态特征，就能在实际生活中更好的识别应用。本书就是在参考有关资料的基础上，删繁就简，突出特征，对各品种的植物形态简要予以说明。

一、忍冬

常绿藤本，幼枝暗红褐色，密被黄褐色糙毛、腺毛和短柔毛。叶卵形至短圆状卵形，有时呈卵状披针形，稀圆卵形或倒卵形。花冠白色，有时基部向阳而呈微红，后变黄色。果实圆形，熟时蓝黑色，有光泽，似花椒黑籽。种子卵圆形或椭圆形，褐色。花期4－6月（秋季也常开花），果熟期10－11月。

忍冬最明显的特征就是有很大的叶状苞片。其形态的其他方面因生态环境的不同变化较大。

二、红腺忍冬

又称菰腺忍冬，属落叶藤本，幼枝及叶被淡黄色短柔毛，叶形为卵形至卵状矩圆形。花冠白色，有时有淡红晕，后变黄色。果实熟时黑色，近圆形，有时具白粉，直径7－8毫米；种子淡黑褐色，椭圆形。花期4－5(6)月份，果熟期10－11月。

三、山银花

又称华南忍冬、大银花、土银花、左银花、左转藤、千花、黄鳝花、土忍冬。

半常绿藤本，小枝淡红褐色或近褐色，叶卵形至卵状短圆形。花冠白色，后变黄色，有香气，果实黑色，椭圆形或近圆形。花期4－5月份，有时9－10月开第二次花，果熟期10月。

四、毛花柱忍冬

又称水忍冬，是缠绕灌木。幼枝紫红色，老枝茶褐色，叶卵形或卵状矩形。花冠白色，近基部带紫红色，后变淡黄色，芳香。花期3－4月。果实黑色，成熟期8－10月。

五、淡红忍冬

落叶或半常绿藤本，幼枝及叶密被棕黄色糙毛。叶卵状短圆形、矩圆状披针形至条状披针形。花冠黄白色而有红晕，漏斗状。花期在6月份。果实蓝黑色，卵圆形。种子椭圆形至短圆形，果熟期10－11月。

六、细毡毛忍冬

落叶藤本，幼枝、叶柄和总花梗均被淡黄褐色糙毛和短柔毛，老枝棕色。叶卵形、卵状短圆形至卵状披针形。花冠先白色后变淡黄，花期5－6(7)月。果实蓝黑色，卵圆形，种子褐色，稍扁，卵圆形或短圆形，成熟期9－10月。

七、灰毡毛忍冬

藤本，幼枝有薄绒状短糙伏毛，后变栗褐色，有光泽而近无毛，叶卵形、卵状披针形、短圆形至宽披针形。花冠白色，后变黄色，花期6月中旬至7月上旬。果实黑色，常有蓝白粉，圆形，果熟期10－11月。

八、卵叶忍冬

藤本，小枝密被灰黄褐色弯曲短糙伏毛。叶卵状披针形至卵状椭圆形或卵形。花冠白色，后变黄色，花期8月。果实近圆形，蓝黑色，稍有白粉，成熟期12月。

九、短柄忍冬

藤本，幼枝密被土黄色卷曲短糙毛，后变紫褐色而无毛。叶矩圆状披针形、狭椭圆形至卵状披针形，有时3片轮生(一般品种的叶子都是两片对生)。花冠白色而常带微紫红色，后变黄色，芳香，花期5－6月。果实圆形，蓝黑色或黑色，成熟期10－11月。

十、皱叶忍冬

常绿藤本,幼枝被黄色毡毛。叶宽椭圆形、卵形、卵状矩圆形至矩圆形。花冠白色,后变黄色。花期6-7月。果实蓝黑色,椭圆形,成熟期10-11月。

十一、滇西忍冬

藤本。幼枝、叶柄和总花梗均密被灰白色卷曲短柔毛。叶卵形。花冠白色后变黄,其余性状与灰毡毛忍冬相同。

十二、盘叶忍冬

落叶藤本。幼枝无毛。叶矩圆形或卵状短圆形,稀椭圆形。花冠黄色至橙黄色,上部外面略带红色。花期6-7月。果实近圆形,成熟时由黄色转成红黄色,最后变成深红色。果熟期9-10月。

十三、新疆忍冬

落叶灌木,高达3米,全身近于无毛,叶卵形或卵状矩圆形,有时矩圆形。花冠粉红色或白色,花期5-6月。果实红色,圆形,果熟期7-8月。

新疆忍冬属植物有10多种,天山北麓的刚毛忍冬的花蕾和苞片,可以药用,也可大量栽培。

十四、匍匐忍冬

常绿匍匐灌木,枝黑褐色,无毛。叶宽椭圆形至矩圆形。花冠白色,花筒带红色,后变黄色。花期6-7月。果实黑色,圆形,成熟期 10－11 月。

十五、云雾忍冬

藤本。幼枝、叶柄和花序梗均被开展的黄褐色长刚毛和腺毛。叶卵状披针形至矩圆状披针形。花冠白带紫红色,后变黄色,花期 6－7 月。果实黑色,圆形,种子卵圆形,果熟期 10 月。

十六、川黔忍冬

藤本,小枝和叶均无毛。叶椭圆形、卵状椭圆形至矩圆状倒卵形或矩圆形。花冠黄色,漏斗状。花期 5－6 月。果实红色,近圆形。种子带白色,椭圆形,成熟期 10 月。

金银花的变种或亚种异常丰富,如峨眉忍冬特产四川西南部、北部、东北部和东部,花冠较短,它是细毡毛忍冬的变种。

异毛忍冬产浙江南部,江西西部,湖南、四川、贵州及云南部分地区,其小枝和花冠外面的毛被以及花冠的长度,与大花忍冬和灰毡毛忍冬相似,实为它们的变种。

净花菰腺忍冬主产于广东北部、西部,广西、贵州西南及云南东南至西部、西南部。它是原亚种菰腺忍冬(红腺忍冬)的亚种。

第三节　优良栽培品种

关于金银花的栽培品种,直到目前全国尚未形成统一的名称和规格标准。应该说地方名称及规格标准还较为普遍、突出,异地同名却异种者有之,同种异名者比比皆是。究其原因大体有三种情况：一是金银花在全国各地分布很广，东西南北中生态条件差异很大，加之栽培历史较为悠久，自然形成变种和类型就丰富多样，栽培种品种就难以统一了。二是金银花的生物特性是具有较强的适应性，各地在种苗移栽后，因生态条件的变化，原种苗也就会在新的背景情况下变异为新的亚种，形成新的品种。三是现代科研培育人工选育的特定品种，如药用种植的高产优良品种，或是用于观赏的红色金银花品种等等。

因此，关于金银花的栽培品种，不管目前在各地有多少种类，但大体上可以分为两大类型。一类是药用经济类金银花的优良品种；二类是园林绿化观赏型优良品种。

药用经济类优良品种，在山东、河南、安徽主产区，选育推广的栽培品种有八种。郭成源、谷守诰编写的《金银花高产栽培技术》(《山东科学技术出版社》1999年版)一书有较为翔实的论述，现摘其要点予以说明。

1. 秧花：株高69厘米，冠幅118厘米，花枝率69%，每花枝有花28朵，每墩产鲜花292克，鲜花干制率19.4%。

2. 线花：株高52厘米，冠幅99厘米，花枝率87%，每花枝有花24朵，每墩产鲜花326.7克，鲜花干制率21.0%。

3. 鹅翎筒：株高64厘米，冠幅145厘米，花枝率83%，每花枝有花28朵，每墩产鲜花428克，鲜花干制率15.2%。

4. 大麻叶：株高51厘米，冠幅89厘米，花枝率77%，每花枝有花17朵，每墩产鲜花98.4克，鲜花干制率25.0%。

5. 针花：株高80厘米，冠幅118厘米，花枝率77%，每花枝有花44朵，每墩产鲜花848克，鲜花干制率20.1%。

6. 大毛花：株高64厘米，冠幅145厘米，花枝率81%，每花枝有花32朵，每墩产鲜花823克，鲜花干制率18.1%。

7. 叶里齐:株高56厘米,冠幅118厘米,花枝率63%,每花枝有花34朵,每墩产鲜花523克,鲜花干制率18.0%。

8. 鸡爪花:株高58厘米,冠幅109厘米,花枝率81%,每花枝有花30朵,每墩产鲜花608克,鲜花干制率19.8%。

另外,贵州黔西南地区各州县乡镇,在其原有野生金银花品种黄褐毛忍冬的栽培实践中,培育推广一种名为"安龙一号"的优良品种,一年两度开花,产量高,质量优于红腺忍冬和一般的山银花,其前景看好。

山东平邑创伟金银花有限公司培育出两个新品种:蒙花一号和蒙花二号。

蒙花一号的特点是墩形大,柔毛多,长势旺盛,枝条长而粗,不会拖秧。叶片肥大,花枝顶端不生花蕾,平均花针长4.8厘米,最长达5.5厘米,千针鲜花重132.1克。丰产性能好,抗旱,耐瘠薄土壤,适合山岭薄地栽植。

蒙花二号的特点是枝条粗短而直立,叶长圆形,花蕾生于枝顶端,为鸡爪花的芽变品种,且优于鸡爪花。花针平均长4.2厘米,千针鲜花重117克。喜肥水,丰产性能好。适宜平原地栽种。

近年来,山东、湖北、安徽、河南一些专业的农林良种示范基地,发现或培育两种新型的树型金银花。一改金银花藤蔓特性,成为树状主体型,上冠下干,枝条向上空发展,3-4年生的树冠可达4平方米,其光合作用强,通风良好,便于浇水锄草以及修剪采摘花蕾等,创造了良好条件,也提高了产量和质量,故美其名曰:"金银花王"。

还有一种树型四季金银花,其特点是从5月开始开花,分批分期直开到深秋,一年至少开4-5次,故名"树型四季金银花"。在安徽则称为"法国四季金银花"。

这些品种，都有不少宣传广告。读者朋友真想引种，不妨实际考察为宜。有可能先行少量在本地试栽种，有了实际效果再决定是否发展，所有的资料只能仅供参考。

值得笔者重点介绍的是山东平邑县九间棚农业科技园有限公司与中国科学院植物研究所合作，以平邑县传统主栽品种金银花"大毛花"为亲本，采用多倍体育种技术，历时 13 年选育出四倍金银花优良品种"九丰一号"。该品种于 2011 年 11 月获得山东省林业局"金银花种苗优质产品鉴定证书"以及"林木良种证书"。"'九丰一号'金银花从形态上与传统品种比较：根深，茎粗，叶大而厚，顶部尖，毛多；花蕾硕大，花壁厚，毛长，花针比亲本大 1 倍，花瓣厚度是亲本的 2.17 倍，千蕾鲜花重是亲本的 2.19 倍，千蕾干花重是亲本的 1.79 倍，花蕾中绿原酸含量等有效成分比亲本有大幅提高。还具有极强的适应性和抗逆性，茎叶粗大，叶色绿，光合作用强，茎叶蜡质层厚而多，根系发达，具有极强的抗旱、耐瘠薄能力，具有很强的水土保持、防风固沙能力。是目前国内金银花中最好的品种。"

(《金银花研究应用新进展》，刘嘉坤、尹传贵主编，人民卫生出版社 2013 年 11 月第 1 版)

金银花作为园林绿化、园艺造型、花卉观赏树种是当之无愧的，其作用美好非凡。但是，千百年来，人们只重视、认识、利用它的药用价值，对其神奇的花冠变化和清秀之气很少问津。正如古人曾说过，金银花"但为补药，不言为花"。当含苞欲放的花蕾红晕鲜显、鱼肚白明亮时就被採摘药用，哪还有"花开花落两由之"的观赏机遇呢?

也只有改革开放的今天，国家较为富强、人民经济生活有了基本保障，中华民族复兴的梦想日益实现之际，物质文明必然推动精神文明，国人的视野自然而然地对金银花的认识需求就从经济实用型转入园艺观赏型。打开网络，你就会看到，白、黄、红各色金银花竞相怒放，层出不穷，这是十多年前我在着手写这本书时不敢想象的，形势多么喜人，国家的命运也就如金银花名一样，金花银花富天下，精神文明香万家。

关于观赏型金银花的优良品种，含概两个概念必须弄清楚。一是所有金银花的品种，包括经济实用型的栽培品种都具有一定的观赏性，都可以作为园林绿化、园艺花卉的品种予以应用。也就是不能把经济实用型的金银花品种排除在观赏花卉之外；二是作为观赏花卉，近几年也有一些专门用于花卉欣赏的品种在各地涌现，网络上也层出不穷的广而告之。现根据我们的实践、资料和所见所闻介绍如下：

1. **红金银花**。因花为红色而得名，其花蕾、叶、茎均为红色，花蕾先由紫红色变为大红色，花开放时为粉红色，后变化成红、黄、白色相间。香味比普通金银花浓，药性强，观赏价值很高。

2. **盘叶忍冬（大叶银花、叶藏花、土银花）**作为观赏花卉有两点特别引人关注，一是花序顶生，由 3 朵花组成的聚伞花序密集成头状花序，共有 6 – 18 朵；花冠黄色至橙黄色，上部外面略带红色，这些都显示出它的特色。二是果实由黄色，最后变成深红色，经久不落，惹人喜爱。是故，熊济华、唐岱二位教授在其编著的《藤蔓花卉》中指出："盘叶忍冬叶光亮嫩绿，花鲜黄而多花密集，果由黄转红，经久不落。性耐寒，是值得推广应用的攀援型花卉，尤其在北方较冷凉地区很有价值。"99' 世界园艺博览会"宁夏展区引至会场的一株，4 月份已繁花似锦，金色满架，颇引人瞩目。宜用于篱垣、花架、门廊等处。花入药。"

该书还指出，同属相近的品种尚有多种，形态特征大致相似，均具较好的观赏性。常见有：淡红忍冬、毛萼忍冬、锈毛忍冬、大花忍冬、拟大花忍冬、吊子金银花等。

据笔者所知，新疆忍冬由于其耐寒性和观赏性的突出特点，在黑龙江、辽宁等地已有大量栽培。

3. **四季金银花**，花期长，从春到秋，陆续开放，有攀援型，也有直立树状型，很适宜园林观赏栽培。

4. **秦皇岛金银花**，其特点是花针长，花冠大，香气浓，7 月份还芬芳开放。该市在《秦始皇博物馆》大门外围墙边栽满了金银花，给这个旅游城市增添了一道亮丽的风景线。

5. 中国科学院西安植物园在其药用植物园中种植着两株专门用于园林绿化的金银花品种：

①**郁香忍冬**，属忍冬科，分布于赣、浙、皖、豫、甘、陕、鄂、云南、贵州、四川等省区。为园林绿化植物，灌木，不攀援，花期 2－3 月间。

②**金银忍冬**，属忍冬各科。分布于东北和陕西、云贵川、藏以东广大地区。灌木，高大粗壮，似乔木，无攀援枝条，丛枝分立向上挺拔。为园林绿化植物。

6. 意大利育出的金银花观赏型优良品种：**金脉品种**、**金叶品种**和**紫叶品种**等。

第七章　种植技术

本章重点介绍金银花的苗木繁育技术和移栽注意事项。这是科学栽培最基础的工作。读者朋友也可在自己的栽培实践中不断地总结完善,创新进步。

第一节　繁育方法

金银花苗木繁育的方法有两种，一是种子繁育，播种育苗，植物学上称为有性繁殖；另一种为无性繁殖，通常利用其根、茎等营养器官进行分离繁殖来获得植株新的个体。

关于种子的播种育苗，一般分为三个时期。即秋播、冬播和春播，即有性繁殖三时期。

秋播的时间就是每年金银花果实成熟的9、10月至初冬。只要种子成熟，就可随采随播，无需任何加工浸泡处理种子的工序。

冬播的时间在土壤封冻前。首先要对种子进行收藏处理，或沟藏，或沙藏；其次要在播种前，将种子用35°－40℃的温水浸泡24小时，捞出后拌上1－2倍的湿沙才可播入土壤畦内。

春播的时间在第二年3月左右。一般在当年冬季就用沙藏法把种子贮藏起来，放入窖坑中，第二年春天播种前，提前一个月左右将种子取出，用40℃温水浸泡一天一夜，捞出后拌些湿沙堆积催芽，当观察已有50%左右的种子裂口露白时，即可筛出种子撒入土壤畦内。

无论是秋播、冬播和春播，都要选好种、整好土壤苗圃地，精耕细作，打畦开沟，均匀撒种，覆盖细砂土2厘米，压紧盖草保湿温，一般在10天至半个月就可出苗。

亩用种子1公斤左右，大约36万粒之多。只要按照科学的程序播种，一般情况下，每亩地正常的出苗量约为15万株。

种子繁育苗木其优点是苗木壮实，适于绿化荒山、治沙、园林之需要。缺点有二：①费工、费时，生长慢，周期长，经济效益不高;②金银花主要以花入药,多不让其开花结籽,故种子少而贵,在大田生产中较少应用。但若大面积治山、治沙、治水绿化用苗,却是必须用种子繁育苗木的。

金银花的无性繁殖有三种方法,即扦插、压条和分株。

1. 扦插法:

首先是扦插穗的选择。这是第一重要的技术要求。选择1-2年生枝条,健壮、充实,发育良好,无病虫损伤,排除老、嫩、弱枝;

其次,掌握剪截插穗的条件:

①插穗长度约为15-18厘米;

②每根插穗中间必须有2-3个节位;

③插穗下面近节处削成平滑的斜面,去掉叶片;

④插穗顶上部必须保留完好的一对叶片。

第三,适时扦插,只要土壤不上冻,原则上四季均可扦插。不过,春、夏、秋三季成活率高,长势好。冬季扦插要有防冻设施。

第四,具体操作时,在土壤畦面上先用竹筷打上引孔,后将插穗的1/2或2/3斜插入孔内,随即压实按紧,并浇透水。高温天气要注意遮阴,保持温度、湿度。半月左右插穗就会在土壤中生出新根。半年或一年后就可移栽。

扦插育苗每亩使用的插穗约为16万根。

2. 压条法

用压条繁殖方法一般是利用夏秋两季时节,将已开过花的枝条的节眼处压盖泥土,经过2个月左右,节处就可长出不定根,再过半年时间,在节眼处1厘米处剪断枝条,使其与母株分离而独立成株生长。若不在雨季,那就用肥泥垫底并在上面压盖潮湿泥沙并盖草保湿,也可起到同样的效果。只要枝条长、节眼多,就可在同一枝条上连续弯曲多处压条分割。

3. 分株法

在金银花冬末春初休眠时期,将地上茎修剪截留至35厘米左右,挖出母株根系剪短留至30厘米,根据根条大小分成若干株,另外挖穴栽植,每穴2-3株,浇水施肥,成活后第二年就就能开花结果。

上述方法虽然都是切实可行的,但相对来讲,在日常育苗培植时,在大田生产上,人们采用最多的还是扦插繁殖育苗。这种方法简单易行,插穗好截取,操作比较容易,苗木成活率高,还能保持原品种的优良性状。如此这般,何乐而不为呢!

第二节　栽植技术

无论采用何种方法繁殖育苗,大体上都要经过3-5个月的培育期,幼苗长至20厘米左右,摘心、促发新枝达4-8条,就可以出圃移栽了。

出圃的苗木,不管是自己需要还是市场销售,都要对苗木进行等级分类,一则同级苗木栽植同一园区,整齐划一,便于田间管理;二则分级苗木价格幅度差别明显,优质优价,便于销售。

关于金银花苗木分级规格及其价格,国家没有统一标准,但一些地方或企业的规格大体一致,略述如下,可供参考。

一是按照金银花苗木生长时间来划分几个档次,如半年生苗、1年生苗、2年生苗等。价格也从几角到几元,优质优价,随行就市。

二是按照细则规格标准来划分等级。

一级苗：

①苗高 51 厘米以上；

②主杆 5 个分枝以上；

③根茎粗 0.5 –0.7 厘米；

④根系长达 26 厘米以上。

二级苗：

①苗高 30 –50 厘米；

②主杆 2 –4 个分枝；

③根茎粗为 0.2 –0.4 厘米；

④根系长为 20 –25 厘米。

关于价格的确定，不仅与苗木等级有关，更重要的是与品种有关，与地区有关，各省区差别较大，尚无统一价格标准。

金银花大田移栽的时间，一般为春季 4 月的上、中旬，秋季在 8 月中旬为宜，而且最好是阴雨天气，干旱天气注意小苗一定要带土栽种。

建立密植丰产园是金银花大面积生产的发展方向，但必须从土地质量的实际出发，根据当地气候特征，精耕细作，合理密植，走出自己高产稳产的路子。

土地肥沃、平整的地区，每亩地规划花墩可在 1760 多个，墩行距离在 0.5 米 ×0.75 米左右。用苗量每亩地约 1 万株。最好用一级苗木。

山坡地或贫瘠土壤，规划的花墩可密一点，因为地力不足，苗木发育慢且长得不够大，为增产，墩型就要增加。一般以 2640 多墩为宜，墩行距离约为 0.5 米 ×0.5 米，用苗量达 15000 多株。

一般情况下，墩穴的长、宽、深度都要在 40 厘米以上，每墩栽植苗木 5 –6 株，以扇形分布点入穴内，填土踏实，浇透水后再封墩培土，苗木成活发育时，看长势进行疏理非常必要。

大约经过2－3年后，就要注意对密植墩的疏除问题。一般是在夏末秋初最后一茬花采摘以后，就进行隔行隔墩疏除密植墩，每年一次，经过三几年的疏理，每亩地定墩为660、560、440多墩就可以了。这要根据土地肥力、地势变化、水利设施、自然条件来决定，没有绝对准确的规定，一切以满足花墩的阳光、温度、水分、透气、肥力的需要为准则，创造培育墩型盛花多产的条件，从而达到高产、稳产的目的。

第八章　科学管理

从金银花栽植之日起,科学管理就提到了议事日程,长期以来形成的顺其自然模式是达不到稳产、高产的目的。

科学管理对金银花来说,主要涵盖两方面的内容及其措施,一是地下的土壤耕作、施肥和浇水;二是地上的植株修剪整形和园艺制作。

第一节　土壤耕作

大地乃万物之母，土壤更是金银花所需水分和养分的源泉，是金银花赖以生存的最基础的生态环境，因此对于土壤耕作的好坏，则直接影响到金银花的生长状况及至生存状态。

除了在栽植前对土壤进行改良外，在金银花栽植后的整个生长发育期内都必须对土壤进行一次又一次的深耕细作。

首先是中耕除草，这是金银花管理中一项经常性的工作。中耕者，即不断地普遍地刨土锄地也。铲除杂草，松土培土，清理碎石，整平地面等，这有利于保墒情、多结蕾、促高产。

中耕除草每年至少要进行3－4次。每年春季地面解冻以后，秋季及冬季地面封冻以前，这是必须进行中耕的时节。以后就是根据季节墒情及杂草状况即时保墒培土、清理杂草。

其次，每年冬春结合施基肥对土壤要加深耕作。在花墩周围深刨、扩穴、清墩。深度一般在25－30厘米。这项措施可以增加土壤的通透性和蓄水分的能力，有利于金银花根系发达。

第三，深翻。每隔三四年，对金银花园地要深翻一次，深度约为40－50厘米，距主干20－30厘米处挖沟，将表土和基肥混合翻入地下，整平地面，一次完成，有利于较长期的保持土壤肥力，促进稳产。

第二节 施肥与浇水

常态化的金银花管理，不仅是土壤耕作，同时还要结合着施肥和浇水。

金银花喜欢农家肥、绿肥等有机肥料，也适应、需要无机的化学肥料。但是有一个施肥原则必须明确，即以有机肥为主、化肥为辅。如果有机肥与化肥使用量对等甚至颠倒其比例，不仅不利于金银花长期生长，而且花蕾的药用效果也比较差，经过科学工作者的长期观察、实验分析，证明这个原则是非常科学、重要的。

施肥一般分为施基肥和追肥两种。基肥均为有机肥，追肥多为化肥。

基肥每年 1 次，多在秋季 11 月至第二年 3 月以前，可施浓度较高的人粪畜肥、堆肥、腐化垃圾、绿肥、草木灰等有机肥。施肥量视花墩大小而定，平均 1 墩周围施肥 6 公斤左右。冬季施基肥效果良好，利融合，利吸收。

开花时期的金银花应该施追肥，除使用稀释人粪尿等有机肥外，多施尿素等氮肥，亩用量约为 250 克，同时，还可施一些过磷酸钙、硫酸钾等化肥或一些复合肥。促墩势状旺，花枝多、花蕾繁、产量高。据测算，采取这一措施可以提高金银花总产量的 20%。

金银花属于比较耐旱喜燥气候的植物。但适时地供水还是非常必要的，缺水了就不可能生长旺盛。但供水量过多，就会造成金银花有效成分——绿原酸含量降低，药用功能减弱。所以在金银花的每次育蕾时期，都要严格控制浇水，宁旱勿涝。

金银花的需水时期在一年的两头,一是春季芽子萌动期(3月上旬),这时浇水,并且灌足,可提高发芽育蕾期2－3天,花墩生长显著旺盛。二是封冬水。在初冬浇灌,也要灌饱浇足,最好挖沟漫灌,可促进受伤根的愈合,提高地温,加速有机养分地分解,为第二年金银花的生长奠定良好的基础。

同时也要注意雨季排水,防止积水渍泡,防止水土流失等。山地或丘陵地带都会面临这些问题,防患于未然必须做好准备。

第三节　整形修剪

整形修剪是金银花科学管理中的重头戏,关键环节。这项措施跟上去了,就能比较长久地保持花墩生长旺盛,较大幅度地提高产量或加强其观赏价值。现在全国各地大田生产、园林绿化等生产经营地区都普遍采用整形修剪这一管理模式。

为什么呢?这是根据金银花的生物特性而采取的科学管理措施。一方面,金银花生性泼辣,生长能力强,枝蔓多发,叶片茂密,任意延伸,相互缠绕,或匍匐于地面,或缠绕树木支架腾空而起,漫延无际,乱象丛生,如不修剪整理就造成郁闭或徒长枝,很少结花蕾。既不利生产经营,高产稳定,也失去更好的观赏价值。另一方面,金银花又有很强的可塑性,或攀援,或缠绕,甚至直立,非常适宜造型所需。为此这就为科学的修剪整形提供了客观的条件。

所谓修剪就是剪枝。剪掉枯枝、无效枝或徒长枝;而整形就是控制花株形状和整体结构,通过修剪枝条,使花墩具有一个理想的形状,培养好骨干枝,形成合理的结构。整形和修剪是相互关联的两项操作技术，目的就是优质丰产或长寿观赏。

一般的修剪都要截掉哪些枝条呢？

1. **枯枝、病虫枝、弱枝、老枝；**

2. **徒长枝**——生长直立、粗壮，节间长，芽子瘪，组织不充实的枝条，常由根部或主茎或骨干基部长出。

3. **无效枝**——相对于有效枝而言。当年生、能抽生花枝或短截后能抽生花枝的叫有效枝，不结花蕾的叫无效枝。判别的方法有两点：①颜色：有效枝生出时枝条常为紫红色，无效枝则为绿色或褐色；②比较粗细：有效枝粗壮，无效枝细弱。

4. **不定芽**——在主干或骨干枝上萌发的芽子叫不定芽，不即时抹掉它就会生出徒长枝。

修剪整形时都要保留、培养、扶固哪些部分呢？

1. **培植主干和骨干枝是修剪整形的主要任务。**主干者主根之地面至上部分枝处的主轴段，乃植株的基本部分也。骨干枝，是组成墩冠骨干架永久性枝。其中按枝龄又分为一、二、三级骨干枝。

2. **结花母枝的认识和修剪是中心工作。**首先要弄清结花母枝并不结花生蕾，但从它枝干上抽生的枝条就是花枝，故名曰结花母枝。怎么认识呢？一般来看，上年春夏生出的紫红色枝条，枝体较粗壮，直径在 0.5 厘米以上，冬季经过轻剪后第二年春季就能抽生花枝。

3. **基芽，也称定芽，是调整骨干枝的主要来源。**一般生于 1 – 2 年生枝条的基部，且 5 – 6 个芽围生一周。芽体健壮饱满，抽生枝条茁壮者自然是保留培养骨干枝的对象。

整形修剪在什么时期进行为宜呢？两个时期。

一是冬剪，即植株休眠期的修剪，从 12 月份至第 2 年 3 月上旬均可进行。

二是绿期修剪，即生长期的修剪，从5月份至8或9月中旬均可进行。各地气候条件不同，修剪时期也会有迟早的区别，以上时期仅供参改。但冬剪和绿剪却一项也不能少。

关于冬剪的方法，因金银花墩龄的不同其方法也是不同的。

首先，应该了解并掌握的是幼龄花墩的修剪方法

所谓幼龄墩即栽植幼苗后1－5年期的植株。这个时期的修剪主要以理想的整形造型为主，结花产量为辅，即为以后丰产打好坚实的基础。为此必须循序渐进，一年一步走。

第1年冬，因株长势设计墩形。选择健壮枝条，自然圆头形留一个，伞状形留三个，每个枝条上留3－5节后剪去上梢，其他枝条全部剪去，以免影响主干的生长。

第2年冬，培养一级骨干枝。去冬修剪后今年主干上会长出6－10条呈紫红色的健壮枝条，自然圆头形选留2－3个，伞状形选留6－7个，作为一级骨干枝，每个枝条留3－5个节后剪去上部梢。选留的原则是枝条壮实、分枝角度适中、分布均匀、错落着生。其他枝条一律疏去。

第3年冬，选留培养二级骨干枝。对象是金银花枝条基芽抽生的健壮枝条，自然圆头形选留7－11个，伞状形选留12－15个，每个枝条留3－5节后剪去梢上部即为二级骨干枝。其余枝条全部去掉。

第4年冬，选留三级骨干枝。方法和原则同上。自然圆头形选留18－25个，伞状形选留20－30个，还可适当调整二级骨干枝。

第5年冬，向结花转移。花墩经四年整形修剪，骨架基本形成。本年冬剪的主要任务就选留结花母枝，去弱留强。每个二级骨干枝上最多选留2－3个，每个三级骨干枝上最多选留4

–5 个，全墩约留 80 – 120 个。对选留的结花母枝仍然只留 2 –5 节后剪去上梢部。其他枝条也要全部疏除。

第二，关于成龄墩的冬剪方法

5 年以上，整形完成，转入丰产、稳定阶段，即为金银花的成龄时期。这时修剪的主要任务就是选留健壮的结花母枝。结花母枝的来源，80% 为一次枝，20% 为二次枝，而且必须年年更新，越健壮越好。其次还要调整更新二、三级骨干枝，去弱留强，复壮墩势。修剪时先要疏除交叉枝、下垂枝、枯弱枝、病虫枝及全部无效枝。留下的结花母枝也要短截，旺者轻截留 4 – 5 节，中等者重截留 2 – 3 节，枝枝都截，分布均匀，合理布局，枝间距离保持在 8 – 10 厘米之间。究竟是轻截还是重截，不仅要看结花母枝的壮实程度，还要根据土地水肥条件，一般情况下，水肥条件好者可轻剪短截，反之则重剪长截。

第三，关于老龄墩的冬剪方法

20 年以上的花墩称为老龄墩。金银花植株寿命一般为 30 年，其生命的 2/3 度过去了自然进入衰老期。这时的修剪除留下足够的结花母枝外，主要是进行骨干更新复壮，截老促新，抑前促后，从而达到墩龄虽老、新枝焕发、保持产量的目的。

由此可见，冬剪的重要性、长期性和阶段性的不同意义。可以说，没有冬剪，就没有金银花的稳产、高产和长寿。

但是，绿期修剪也同样重要。所谓绿剪，顾名思义，就是在金银花藤青叶绿的生长旺季，按照春、夏、秋不同季节，修剪新生的一年生有效枝，壮枝留 4 – 5 节，中等枝留 2 – 3 节，然后短截去上梢，并全部除掉无效枝，以促进多茬花的形成。时间多在每次盛花期后的 5 月下旬、7 月中旬和 8 月中旬，称其为头茬花后的剪春梢，二茬花后的剪夏梢，三茬花后的剪秋梢。

第四节　家庭养花与园艺管理

家庭及园艺栽培在管理上如土壤选择改良、苗木繁育移栽、中耕浇水施肥、修剪整形消灭病虫害等，与农业生产上大田的栽培管理，基本上是一致的。只不过因其规模大小、环境特征、观赏角度、功能用途的不同，在其栽培管理、设计制作措施上就表现出很大的不同。园艺栽培管理最突出的一点就是科学栽培和艺术效果的高度统一。就是说不仅要金银花在长势上兴旺发达，欣欣向荣，有其生态效应，而且在各种选型上或美妙或苍劲或潇洒，富含自然美、意蕴美、文化内涵意境美。例如，从事农业生产的药农，重药用价值、重高产、稳产，故植株上的徒长枝、无效枝，生长再旺盛也要剪掉；而在园艺栽培管理上却正好相反，为着造型需要、为着旺盛的青枝绿叶与花枝相映，就要保留这些徒长枝或无效枝，还要促其生长。因之说明园艺管理是一门非常专业的学问和技能，要进行专业的学校培训。本书第四章第三节“美化家园”中仅仅从观赏的角度，罗列了14种类形，说明金银花在园艺用途中的广泛性，观赏性，这都是园艺师们的精心设计和制作。这个行业，不仅国内市场需要量大，国际市场更需要，笔者曾从事国际劳务合作业务，就向日本、新加坡等国家派遣多批园艺绿化方面的研修生、技师。因此读者朋友要想掌握这方面的技能，必须进入其领域学习、实践，笔者对此不敢妄加述说。

本节我们将重点讨论家庭栽种金银花的问题。笔者曾给许多亲戚朋友送过不少金银花苗本，结果是成话者不多，开花者更少。究其原因，有以下六个方面值得重视。

一、用具和工具

家庭养花所需用具首先就是花盆，对住楼房者来说，盆栽花卉是较为可行的途径。花盆的品种很多，比较适宜栽种金银花的花盆品种有两档：一是素烧盆，普通陶坯，土黄或土红，透水性能好，比较牢固，价格不贵。二是计划搞金银花树桩盆景，自然需要多年长期培养，就选择紫砂盆为宜。这种陶盆，制作精致，美观大方，形式型号多样，透水透气良好。

工具方面，1. 花铲，大号小号都应具备；2. 喷壶；3. 修枝剪刀；4. 花耙。这四样一样也不能少。少一样，栽种时您就会感到不那么得心应手。有条件者还可以准备装水肥的陶缸、肥料袋、杀虫药剂箱、喷雾器以及工具箱等。搞树桩盆景还要准备铁丝、支架等。随着养花的日久深入，您就会体会到好工具的重要性。人常说："工欲善其事，必先利其器"嘛！其实这话是孔夫子教导我们的。

二、选好品种

金银花的栽培品种很多，无论是野生的还是繁育的品牌均适合家庭栽培。本书第六章第三节专门列出的优良栽培品种有 10 多种，如红金银花、盘叶忍冬、四季金银花，都很美，很香，市场上走俏。读者朋友可根据自己的喜好任意选择之。一般情况下，各地的大型花卉市场、景园都有关于金银花品种苗木的批发和零售。当然，感兴趣者也可自己扦插、压条或分株进行金银花的繁育。

三、培土与上盆

金银花对土壤要求不严，在酸性或碱性土壤中均能生长，但要求透水、透气性好。因此,砂壤土、腐叶土、中性偏酸性土壤最为适宜。简单讲,普通山地的黄土或河岸、菜园、果园的表土都可以满足金银花栽培时的需要。

金银花移栽上盆的时间、季节要求也不严。但最适宜的时期是晚秋、早春,金银花处于缓慢生长或休眠期,也就是国家植树节的前后时期。

选择 2 - 3 年生苗木和与其相适的花盆,先在盆底部排水孔处放上瓦片或碎石片,形成"堵孔而不封严"的状况,铺一层土,施些基肥,再在基肥上铺一层土,就可将苗木扶端正植于盆中间,填土摁实,缓缓浇水,灌满为止,直到盆底有水渗出为宜。值得注意的是,填土不能太满太实,要留容水量的沿口,水不能溢出花盆。二是土不能太少太虚,水不能浇的太多,稀里哗啦渗出盆外,溢出坐盘。

移植后将盆放置到阴处,一周左右,可逐渐移到阳光处,进行正常的管理。

四、定期换盆

金银花萌发力强,根系发达。经过一二年的生长,小盆已难以容纳它的发展,这时土壤的养分也差不多吸收待尽,导致板结,渗透性变差,换一个较大号的花盆就成为必需。

换盆的时间一般也在早春或晚秋季节为宜。一年或隔年换盆都可以,但长久不换盆是绝对不利于金银花开花结果的。

换盆的方法要求与移栽上盆是一样的步骤,不过,在大号的新花盆准备好了以后,把原先盆中的金银花植株托出时,要注意剪去少部分老根,剔除少部分旧土,然后扶正放入新盆填土压实些,再浇足水,进入正常管理。

五、浇水与施肥

家庭栽种金银花最忌给花乱泼水，无论大人小孩，闲而无事，动不动就浇水，致使苗木久而久之被浇死了。金银花因浇水过多而死亡的事常有发生，即使不死亡，也容易染病虫害。

盆栽金银花，对于新上盆或新换盆的苗木来说，第一次水必须浇透，以后保持土壤湿润，待换过苗，涣发新芽，长出新根后，就要按其生长状况、气候变化等情况而决定浇不浇、浇多少水了。

日常浇水的原则是见干见湿，不可过干，更不能涝。金银花的特点是宁可干些，不可过湿。冬季如果花盆在室内要等到盆土发白再浇水；夏季天气酷热，又是金银花开花和生长旺季，要增加浇水次数，天旱时早、晚都要浇水，并及时进行叶面喷水。花盆放在南阳台时，太阳直射时间太长了，还要注意遮阳。放在北阳台的花盆，自然可以少浇水，不用遮阳。笔者实践证明，在北阳台养金银花，光照环境非常适合金银花的生长要求，很好养。

六、修剪整形

家养金银花也要进行冬剪和绿剪。冬天冬剪重在整形，顺其长势，促进造型按照养花者心愿而成型。株形整齐美观，花姿丰满。夏秋绿剪，主要是去掉拥挤繁多枝条，疏通花枝，促进通风透气。同时，要适时进行新枝摘心。盆栽空间有限，不可能让其藤蔓过长，细软匍匐，那就用摘心的办法，一则抑制其过长；二则促使其再发新梢，主干也就变得粗壮起来；三则可延迟和调节花期。

盆栽金银花都可养二三十年，其发展方向就是树桩盆景。因此，早期修剪中，注意顺其自然地造型、蟠扎造势是十分必要的。

对此，我们将再下一节专门论述。

家庭栽种金银花，其居住环境是庭院或平房者，无论是城镇还是农村，都可以利用金银花藤蔓攀援的特性，在房前屋后及院落内栽种几株，或篱墙，或栏杆，或绿棚门架，造型多多，观而赏之，温馨全家。

第五节 桩景制作

在金银花的诸多用途中，利用其老藤枯桩制作盆景，虽然不是新发现，但过去却很少有专门的研究、推广和宣传，广大花农不仅不知制作，而且树老花少就只能挖掉成为废物。我们现在大力提倡之目的，就是要变废为宝，既为社会创造财富，美化生活，又能增加花农经济收入，一举几得，何乐而不为！

为此，我们必须首先明确、熟知，金银花植株，特别是老树，真乃是制作树桩盆景的优质材料。对此园艺盆景专家们如马其文、陈显修等在盆景制作的论述中都有肯定的说明。再则就是已有金银花盆景佳作如《探戈》等展现世人面前。最根本还是金银花本身的特点，如树姿伸张优美，根干缠绕奇特，植株柔韧可曲，花朵秀雅清香，枝叶攀援翠绿，凌冬傲雪不枯，寿命长达三四十年，耐修剪，易造型，萌发力强，上盆易成活等。

第二，利用金银花老龄树株制作盆景，不仅是变废为宝，更是难求之物。一株金银花苗木要成长几十年才可能选作盆景材料。不知者只求其花为药，老龄株对他来说成为无用物，在许多地方花农们大都当做柴火烧掉了。一旦知其有大用处，才会感到几十年栽培的不易，恰恰成为难能可贵之物。为此看来，金银花树桩盆景的制作，在大田生产经营管理上是一件非常划算的事情。一般来说，金银花植株经过15年或20年的盛花期后就老化了，需要更新改造或移栽新苗。而也正是此时的老桩植株粗壮奇古，为盆景造型打下良好的自然基础，只需稍修剪整形就可作为桩材出售。把烧柴变桩材其经济效益则是天壤之别。

第三，桩景制作应成为栽培管理的一个重要组成部分。凡栽培金银花苗木者，不论是家庭、园林，还是大田生产经营，从一开始就要意识到金银花的一生除供药用外，还有多种用途，而其最终的伟大成果就是制作盆景，贡献一切。因此，在整个栽培管理中，在注重药材产量、质量和收益的同时，适时观察选用老龄树向盆景树桩方向培育是完全必要和可能的。这就要求栽培者不仅懂得一般的修剪整形等管理技术，而且也要学会树桩盆景的制作方法。把它作为栽培管理的必修课。其实，盆景制作工艺并不难，只是在普通栽培管理原理、技术的基础上，再深入一步学会艺术造型就行了。为创造金银花生产价值的最大化，掌握这门技艺就显得尤为迫切必要。而且这项技术将会是社会越来越需要的，现已成为城市急需的热门服务项目。

我们应当预见到，随着人民生活水平的提高、环境保护和生态意识的增强，城镇居民和广大农民对屋室庭院环境的要求也越来越高，树桩盆景的观赏性、耐久性及生态价值使其最适宜进入千家万户，美化、彩化、香化其住宅，必将成为人们的消费时尚。因此，制作、发展金银花树桩盆景的前途无疑是一片光明。

金银花盆景可以制作多种款式。

（1）斜干式。树干向左或向右一侧倾斜，略带弯曲，枝条分布均匀,以求树势平衡。树冠虬枝横空。多用1株单栽,也有二三株合栽,常显老树疏影横斜之态。

(2)卧干式。主干几乎横卧于盆面,小枝茎向上生长,似雷击劈倒或巨风吹倾,姿态苍老古雅,妙趣横生。一般常植于盆端,向内俯倾,有时在布局上借助山石适当陪衬以求均衡。常用金银花老根促使发出新枝制成。

(3)悬崖式。主干弯垂于盆外,如生长在悬崖峭壁上的倒挂树木。好似急流奔泻,又似倾泻而下的瀑布,刚劲潇洒。多用方筒形盆,或置于几案,似为崖壁。

(4)曲干式。亦称蟠干式。主干左右弯曲,形若游龙,甚至各分枝亦蜿蜒屈曲而生,干虽弯曲,但小枝及叶丛的配置层次分明,整个树势蟠而不乱。

(5)枯干式。主干干枯,树皮斑驳,裸根四张,枯干上有几枝新枝,叶片盎然,且能开花结果。但干顶枯秃,颇有老当益壮之势,充分呈现枯木逢春之景。金银花老根枯藤则是绝好的桩材。

(6)露根式。一般都要经过几年翻盆种植并进行绑扎定形。而利用金银花老根栽入盆中,就能使其悬根露爪,显得苍老及有历经沧桑之感。

(7)双干式。树木一株二干,或同种双株于一盆。常修剪成一高一矮、一粗一细、一直一斜、一偃一仰;或扭曲缠绵,相拥相抱等。造型表现一主一副、相辅相成,彼此衬托,友好相伴。富于变化,生动有趣。著名的《探戈》树桩盆景,就是利用2株金银花植成双干式,似一双妙龄男女在欢快地跳跃着探戈舞步。

以上款式仅仅是笔者学习制作金银花树桩盆景时的习作和实践体会,实际状况远不止于这么简单,展望全国各地乃至世界各国,对树桩盆景的制作和风格,真谓流派纷程,千姿百态,难以尽述。

笔者十多年前关注金银花以来,在市场上几乎看不到有金银花树桩盆景的展现,但现在不仅在市场上到处展现出售,而且品种、款式很多,价格由一盆 20 - 30 多元,到 1000 - 2000 多元不等,看了让人十分高兴。说明国人对金银花的认识和各种需求与日俱增,金银花这项事业值得发展,您有兴趣参与吗?!

第九章　病虫害防治

金银花很少染病，虫害也不多。这是因为金银花的茎、叶、花蕾中均含有绿原酸，它能抑制病虫微生物的侵入与生长。但因土壤、气候等生长环境的影响，郁闭、阴雨连绵、高温高湿，加之生产管理不善，同样会给金银花带来病变和虫害。

第一节　病害与虫害

第二节　防治方法

第三节　生态养殖好处多

第一节　病害与虫害

一、主要病害

1. 忍冬褐斑病

此病由真菌引起,借风雨传播,高温高湿下繁殖迅速。主要危害金银花叶片,轻则叶片上出现褐色小斑点,重则叶片早期枯黄脱落了。

2. 白绢病

此病也是由真菌引起,其菌核寄生力强。高温多雨是发病的主要条件。该病菌危害金银花的根茎,病株叶小且卷曲,色泽退化,严重影响花期及产量。特别是老龄花墩发病率高。

3. 白粉病

真菌中的一种子囊菌引起金银花叶片产生白色小点乃至茎叶布满白粉,故称为白粉病。严重时新梢和嫩叶凋落,枝条干枯。

4. 炭疽病

此病由黑盘孢目真菌致病,危害叶片,产生病斑,为褐色,圆形,可自行破裂。潮湿时生红色点状黏性物,危害金银花植株难以发育。

5. 锈病

真菌中的一种担子菌引发此病。主要危害叶片。轻则叶背面出现褐色如铁锈病斑,中心有小疱。严重时致叶片枯死。

二、主要虫害

1. 中华忍冬圆尾蚜

展翅目蚜科。其形态分为有翅弧卵形和无翅弧卵圆形，体小，只有 2 ~ 3 毫米。头胸及体缘明显有褶曲纹，触角黑色，腹管圆筒形，足细长骨化有节。危害金银花时刺吸叶片和嫩枝汁液，致叶片卷缩、发黄，花蕾变畸形，造成生长停止。

此病虫多在金银花孕育花蕾时致害。为无性繁殖，温度增高，繁殖增快。天气干旱时此害虫最易发生，且很严重。

2. 金银花尺蠖

展鳞翅目尺蛾科。蛹和幼虫在土表枯叶下越冬，第二年 3 月羽化，4 月进入羽化盛期，即进行交尾产卵，一年能完成 4 代。成虫雄蛾 10 – 11 毫米，翅长 11 – 12 毫米。雌蛾较小。触角羽状或线状，体色春天灰褐色，夏天杏黄色。幼虫如蚕，几天内可将金银花叶片、花蕾吃光，若连续危害三四年，可使整株整墩干枯而死。

3. 咖啡虎天牛

展鞘翅目天牛科。一年发生一代。老熟幼虫化蛹前在被害金银花茎秆处咬一圆形而不穿通韧皮的羽化孔，然后就在蛀孔道内化蛹，第二年 4 月以后开始出孔、化羽、产卵，直到 6 月下旬孵化，待长至 3 毫米时蛀入茎干取食，直至越冬。

该虫专门蛀食金银花的内茎木质部分。从表面很难发现，只有 7、8 月份植株突然枯死时才知其危害。

4. 豹蠹蛾

展鳞翅目豹蠹蛾科。一年发生一代。幼虫在金银花的枝条内越冬，第二年 3、4 月份从枝条内钻出，又转入新枝条进行危害。5 月上旬其幼虫开始老熟并羽化，8 月产卵后孵化幼虫，专门食蛀嫩梢、枝条，被蛀枝条很快就会枯萎，遇风易从蛀处折断。

豹蠹蛾雄性体长 18 – 20 毫米，翅展 33 – 36 毫米，触角丝状或羽毛状。雌蛾较小。卵长圆形，棕褐色，幼虫赤褐色，蛹为裸蛹，赤褐色。

5. 黑绒金龟甲

成虫体长 6 – 9 毫米，宽为 4 – 5 毫米，体色黑褐色或棕褐色。1 年发生 1 代，以成虫越冬，成虫出蛰后，4 月末至 8 月上旬为其活动盛期，有雨后出土习性，飞翔力强，有趋光性及假死性。其危害性主要是咬食金银花叶片。

6. 银花叶蜂

展膜翅目蜂科。一年发生 5 代，以老熟幼虫在土中结茧化蛹越冬，次年 3 月上旬成虫羽化，产卵孵化，幼虫期半个月，危害金银花嫩叶片，片片吃光，植株难育花蕾。

银花叶蜂雌虫体长 9 – 10 毫米，翅展 21 – 22 毫米。雄蜂略小。卵乳白色，蛹黑褐色，幼虫头和前足呈黑色，体为桃红色。

除以上六种害虫外，还有一些局部地区的地方性的害虫，诸如华北大金龟甲、绿刺蛾、豹纹木蠹蛾、芳香木蠹蛾、暗黑金龟甲、咖啡透翅蛾等，共计 12 种之多，而且其食性杂，不仅危害金银花，而且咬食柿、桑、乌桕、油桐、枫杨、柳、榆、刺槐、栎等近 20 种树木的叶片。故本节不再一一罗列说明。

第二节　防治方法

关于金银花病虫害的防治方法大体上有四种，一是农业防治，二是人工防治，三是生物防治，四是药剂防治。每一种方法都有相应的具体措施和操作方法，略述如下：

一、农业防治

就是农业生产管理性的防治措施。这是带根本性的防患于未然的基础性的工作。在整个栽培过程中，只要防病虫害的意识明确，管理细致周到，就能达到抗病虫、保丰产的目的。

首先，着眼于选育或选用能抗病虫害的优良品种。大凡枝条粗壮高立，节间短，叶片浓绿而质厚，密生绒毛的品种，大都是抗病虫害性强的优良品种，可推广选用。

其次，适时浇水、增施有机肥料，促进金银花植株生长健壮，可增强其抗病虫害的能力。

第三，加强田间管理。

1. 勤于清除。及时清除花墩周围杂草；清除老枝、枯枝、病枝、烂叶、落叶，并要集中烧毁或深埋土壤中，以隔绝病虫害的来源。

2. 细致修剪。①经常性检查修剪，发现芽、叶、枝有枯萎等现象时立即剪掉染病受害部分，集中烧埋。②冬季整形修剪时，更要注意清除病芽、病叶、病枝、截断病源。发现害虫时，甚至要将老枝的老皮剥掉，铲除害虫越冬滋生条件。③春夏结合绿剪，发现新抽枝条或叶柄枯萎时，立即剪掉，不让其蔓延。

无论是冬剪、绿剪，还是平常性修剪，都要使花墩通风透光，防止郁闭，也就可以防止病虫害的侵袭。

3. 土壤处理。对于病虫害严重的地区，特别是针对在土壤中越冬的害虫如黑绒金龟甲、华北大金龟甲等，最为有效的办法就是对土壤进行药物处理，使其无藏身之地，彻底灭除。

二、人工防治

在掌握病虫害习性的基础上人为治之。

1. 利用一些幼虫的假死性，深翻土地，发现时其假死不动，正好拾茧捕杀。

2. 咖啡虎天牛等类害虫，因其危害时常蛀入金银花树茎中，发现时即用钢丝插入新虫孔刺杀灭之。

3. 绿刺蛾等害虫的越冬茧在金银花枝干上或树冠附近的浅土、草丛处，发现时随机摘茧或挖表土灭茧，效果良好。

4. 清理金银花墩穴时，如闻异香，说明有木蠹蛾类幼虫，即刻捕捉消灭之。

三、生物防治

主要是利用害虫的天敌来消除害虫，保护植株健康，保护生态环境。同时，也还利用害虫生物习性予以诱杀。

1. 中华忍冬圆尾蚜的天然敌人有草蛉、七星瓢虫等，只要饲养一些草蛉或七星瓢虫施放田间，害虫自然就被消灭了。

2. 咖啡虎天牛的天敌也有两种，一种是赤腹姬蜂，就寄生于幼虫体内；另一种是肿腿蜂，是幼虫外寄蜂，寄生率很高。经人工饲养后，每日释放 1000 头左右，防治效果很明显。放蜂时间在 7 – 8 月，气温高达 25℃以上的晴天，效果最好。

3. 防治金银花尺蠖的生物办法有二：

①在金银花尺蠖 1 – 3 代产卵期间，释放人工饲养的尺蠖天敌赤眼蜂，就能消除危害。时间在 4 月中下旬、6 月中下旬、9 月中下旬。

②收取未交尾的雌蛾装在小铁笼内，将水碗及诱捕器于傍晚挂在金银花枝条或花墩附近，利用其弱趋光性和雄蛾对雌蛾

性信息激素有较强趋性的习性,进行诱杀。

4. 利用绿刺蛾成虫、芳香木囊蛾、黑绒金龟甲具有的趋光习性,可设计利用灯光来诱杀。

四、药剂防治

就是用化学药品来治理病虫害。化学药剂都是针对不同习性的害虫、病菌而研制的不同类型的具有一定毒性的品剂,其特点是每种药剂的针对性强,发现危害能迅速治防,集中连续施用,效果显著。

但是,我们必须明白,化学药剂使用的结果一定会带来副作用。这一点美国生物学家雷切尔·卡尔逊在其名著《寂静的春天》中明确指出,自从使用滴滴涕化学杀虫剂以后,许多鸣鸟濒于绝种的危险。因此,慎之又慎地使用化学药剂是一个非常严肃的问题,尽量不用或少用,保护自然生态环境、防患于未然是我们防治病虫害的上策。对于金银花来说,是珍贵的药用、食用之品,我们更应遵照"**一提倡、三禁止**"的原则实行防治。

一提倡:就是大力提倡农业防治、人工防治和生物防治。加强综合管理,如经常松土、除草、培土、施肥、浇水、修剪等,把病虫害消灭在未发之中。

三禁止:严禁使用有机汞、有机氯制剂等有毒药品;禁止使用1605、乐果乳剂、福美砷3种农药,以免对金银花留有残毒;禁止在采花前10天使用任何药剂。

具体如何使用药剂,要根据病虫害的实际状况,参照药剂使用说明,能请教农业园艺保护专家更好,进行适时适量适当治理,坚决杜绝滥用。

一般来说,金银花病害大都是真菌类细菌致病,危害也大都在叶片上,诸如忍冬褐斑病、白绢病、白粉病、炭疽病、锈病等,故多使用波尔多液、退菌特、敌百虫等药剂,稀释后喷洒叶片正反面,按周期进行就可以灭除。而金银花的害虫,不仅危害叶片、嫩芽,而且主要是蛀食根茎,诸如金银花尺蠖、咖啡虎天牛、豹囊蛾、黑绒金龟甲等,为此不仅要用上述药剂进行叶面植株的喷洒,还用使用扑蚜净、敌敌畏、杀螟松列农药进行土壤搅拌、茎秆涂抹、堵死孔穴,以致害虫死亡。但这一切都必须在花期来临前10天进行完毕,10天以后禁止使用任何药物,这是绝对禁止的。

附:近年来国家全面禁止生产、销售与使用的农药种类

六六六、滴滴涕、毒杀芬、二溴氯丙烷、杀虫脒、二溴乙烷、除草醚、艾氏剂、汞制剂、砷类、铅类、敌枯双、氟乙酰胺、毒甘氟、毒鼠强、氟乙酸钠、毒鼠硅、甲胺磷、甲基对硫磷、久效磷、磷胺、八氯二丙醚,苯线磷、地虫硫磷、甲基硫球磷、磷化钙、磷化镁、磷化锌、硫线磷、蝇毒磷、特丁硫磷、治螟磷等34种。

第三节　生态养殖好处多

不打农药,金银花的病虫害是否难以防治呢?不施化学肥料,金银花就不能高产吗?这一节,我们将明确地告诉花农朋友们,答案是完全否定的。

在全面禁止使用农药、甚至各种化肥的情况下,为切实提高金银花的产量和质量,金银花产地的花农们,特别是一些具有现代生态文明思想意识的农业科技公司,经过多年的科学实验,在大田生产上已经创造出“金银花生态养殖”的新型经营模式,其突出特点是:优化了环境,降低了生产成本,提高了产量和质量,一举多得,经济效益颇丰。

为此,引起有关部门的重视,以至于中国中央电视台农业频道“科技苑”栏目,于2014年12月15日,予以特别报道。

在山东省惠民县的一家现代农业科技公司的科技园里,种植着700多亩金银花,养殖着1万多只白鹅,形成了产出多种绿色健康药材、食品的生态养殖园。

对于鹅,相当多的人是不陌生的,早在人们的孩提时期,大人们就会教唱中国古代一首有名的“咏鹅”诗

鹅 鹅 鹅,
曲项向天歌。
白毛浮绿水,
红掌拨清波。

这是唐朝诗人骆宾王七岁时写成的赞美鹅的佳作,千古流传,颇得少年儿童的喜爱。可是我们一般人,谁也不会想到,在改革开放、建设生态文明、实现富强、民主、文明、和谐中国梦的今天,只知“曲项向天歌”的鹅会成为农业生态养殖业上的一支生力军,发挥其独特作用。

首先,我们来参观这个有趣的生物养殖除草链。在金银花大田生产管理中,最费工费时的活路有三项,一是冬剪和夏剪;二是采摘和收藏;三就是中耕除草了。过去为省工省时,大都使用化学除草剂,虽然省工快捷,但后遗症却越来越严重,生态破坏的危害引起了全世界有识之士的关切,才发出了禁止使用化学药品和化学肥料的呼吁,特别是在中药材、蔬菜等食品生产上。山东省惠民县这家科技公司,打破常规,自创新路,对金银花与鹅的生物链关系进行了深入研究、反复实验,形成了“金

银花——杂草——鹅”三者之间循环持续发展的关系法。

在金银花种植基础上，伴随着金银花的成长，各种野生杂草如牛筋草、马齿苋、蒿草等也郁郁葱葱的生长，这正好为爱吃各种杂草的鹅群提供了丰盛的美餐，鹅吃了营养丰富的青草食料，欢快成长，肉肥蛋多。同时又在金银花地里边吃边屙屎屙尿，给金银花洒播上良好的有机肥。如此年复一年，循环趋动，持续发展，使金银花的生产走向生态文明建设的康庄大道，呈现出光明的前景。

总结其好处，有两个方面一个结果。

第一个方面的好处是对金银花来说，鹅群在金银花地里，专吃青草，不损伤金银花的枝叶花果，“不闻不问”，很守纪律。这无疑是一支难得的除草生力军。要问为什么？或者是天生的默契，或者是气味之别了。同时，鹅之粪尿还是优质的有机肥，肥壮土壤，促进金银花苗壮成长。这样看来，鹅不仅是金银花基地的除草生力军，说它还是施肥大王也不为过吧！

第二个方面的好处是对鹅来说，徜徉在金银花基地广阔的天地里，吃着香嫩的青草，呼吸着金银花散发的富含氧气的空气，嗅着金银花的花香，就是在酷热的艳阳天，还有金银花树墩为其遮阳，依然悠悠吃草，安然起卧，岂不快乐哉。在这样的环境下，鹅的生长就非常丰美健壮了。蛋多，肉肥，全是绿色健康产品。

最后就是一个结果：优质、高产、双丰收。

1. 优质。不打农药、不施化肥，所产金银花绝对是绿色健康药材、食料。鹅蛋、鹅肉也同样是绿色食品。所以说，这样的生态养殖园就是绿色优质品的生产基地。

2. 高产。金银花的生长土壤肥沃，无杂草干扰；鹅有青草肥美的饲料，吃得好，住得好，空气好。他们都成长在适宜的环境里，产量、产出自然是很高的。

3. 双丰收。生态园里利用其生物链关系，互相依存，优势互补，省工省时省饲料，低成本，高产出，优质优价，竞争力强。无论是金银花药材产品，还是鹅产品，一经产出，销售一空，供不应求也。

在防治病虫害方面，经多次观察、研究发现鹅是专吃青草，不吃害虫，什么虫也不吃。因此他们就在防虫方面另辟新径。该园区除了遵照我们在本章第二节讲的采取农业防治方法外，在生物防治方法方面装制了许多诱杀蛾虫的杀虫灯，同时还有一个创新举措，就是利用蓖麻的毒性气息，栽种在金银花基地的周围，害虫嗅其气息就不敢进入金银花基地了。

蓖麻，其实也是一种中药材，其根、籽、叶都可入药。不过因其含有蓖麻毒蛋白，所以在使用上是特别小心谨慎的。它是泻下、润滑的，甘辛，平，有毒，入肝，脾，肺三经，主治消肿拨毒，泻下通滞。不仅如此，蓖麻籽还可以榨油，在工业上可做高级润滑油，多用于航空、航天器具上的润滑作用。

在产业园区周围种植蓖麻，不仅可防虫防害，而且收获其籽，供药用，供工业榨油用，这些都是很划算的。

第十章　采收加工

第一节　适时采摘

适时采摘是提高金银花产量并保证质量的又一重要环节。因此，掌握采收时期、确定采摘时间、熟练采摘方法都是至关重要的。

虽然各地气候等自然条件不同，但一般情况下，金银花的采收时期从5月中下旬开始，采摘第1茬花，也称头茬花。这一时期的盛花期时间较短，约为5－7天，而且花多量大，必须集中人力、时间抓紧摘完；再过1个多月到了7月中上旬就迎来2茬花时期，花期7天左右；3茬花的花期就到8月中旬了，花期稍长一些，约为10天左右。在一些地区到10月中上旬还可采收4茬花，不过量不大，花期也在10天左右。

掌握采收时间的客观标准根据金银花花蕾成长变化的情况而定。金银花从孕蕾到开放约需5－8天，大致可分为**幼蕾**（绿色小花蕾，长约1厘米）→**三青**（绿色花蕾，长约2.2－3.4厘米）→**二白**（淡绿白色花蕾，长约3.8－3.9厘米）→**大白**（白色花蕾，长约3.8－4.6厘米）→**银花**（刚开放的白色花，长约4.2－4.78厘米）→**金花**（花瓣变黄色，长约4.2－4.5厘米）→**凋花**（棕黄色）等7个阶段。

药材商品生产中常包括从三青到金花这5个不同发育阶段的花朵，因之其绿原酸含量也不相同，排列次序为**三青**＞**二白**＞**大白**＞**银花**＞**金花**。经验认为，虽然三青阶段花蕾中绿原酸含量最大，但因尚未发育成熟，花蕾形状未到最大值，早采影响总产量，损失较大。所以三青期不宜采收。二白期和大白期才是最佳时期。这两个时期采摘从产量上和质量上看都是最佳状态。采得过早,花蕾嫩小,产量不高;过晚了,质量下降,产量也不高。

确定采摘时期的同时还必须确定一日之内采摘的最佳时间。据测定,一天之中,花蕾中绿原酸含量以上午11时左右最高。因此在实践中花农采摘时间一般都安排在上午9点至12点进行,尽量把当天需要采收的二白、大白花蕾在极短的时间内收完。许多地方还在清晨就带露手摘,一是时间上较为充分些,二是不伤未成熟的花蕾,采下的花蕾气味香浓,好保色。当天应采收的花蕾一定要及早采完,待到银花开放甚至变成金花了,作为药材质量就下降了。

采摘的方法是先外后内,自下而上。要耐心细致,一根一根,一墩一墩,分批摘收。既要采摘快,又要采摘干净;既不能连叶带枝,也不要漏摘。辛苦一年,收获是大事,采摘不好就会大大影响金银花的品级,千万莫可掉以轻心。

忍冬藤的采收,过去一般于秋冬割取嫩枝,晒干后药用。姜会飞主编《金银花》一书中论述了对忍冬叶、嫩枝、老枝以及徒长枝条中绿原酸含量的测定比较,认为无论是茎或叶,其绿原酸含量是自下而上逐渐提高,较嫩的部位含量较高,特别是徒长枝即尚未开花的嫩条,其越短越嫩,绿原酸含量就越高。为此该书建议,在修剪整形中把被剪下的嫩枝、老枝上部、被抹掉的嫩芽以及徒长枝基部的膨大部分统统收采起来作为药用,既能加大金银花的利用程度,不致造成无谓浪费;又能使药材质量保持上乘,充分发挥其使用价值。还需要说明的是,金银花叶片绿原酸的含量一般都高于茎中的含量,因此,收集忍冬藤时千万不要丢弃叶子。与其茎蔓相比,叶子应是较好的药用部位。

第二节　加工方法

及时采收后运用正确的加工方法使其干燥贮藏，这是金银花生产中的最后一个重要环节。至于金银花药品性能的炮制方法属药剂学的专门学问，本书没有列入。

目前常用的加工方法有三种，一是晾晒法，二是烘干法，三是杀青烘干法。

一、晾晒法是将鲜花花蕾放在晒盘或晒筐内，每盘面积以 2 平方米为宜，放入 2.5－3.5 公斤，撒放均匀，厚度一般在 3－6 厘米左右为宜。阳光较强时宜摊厚些，以免干燥太快，质量变次。倘若阳光弱而摊得过厚，花又易变成黑色。当天未晒干，夜间将花盘架起来，盘或筐之间留些空隙，让水分散发。晒到约 8 成干的程度，可倒入大席上翻晒，全部干燥后就进行收藏。

二、烘干法首先要建烘房，房外修炉口，房里修回龙式火道，屋顶留烟囱和天窗，在离地面 35 厘米处每间前后墙上各留相对应的通气孔道。烘架与墙之间要留有 20 厘米左右的距离，烘架之间还要留 1.4 米的通道。架层多少则根据实际需要和房间空间大小而定。架的底层距火道应为 40 厘米。架上筐盘大小与晒盘最好相一致，有利于轮换收放。

初烘时温度不宜过高，一般掌握在 30°－35℃，此时鲜花大量排水，室内潮气较大时，可以打开气孔通道，让水气迅速排出。每次通风排气只许约 5 分钟左右，太久了，不仅降低室内温度，而且可能返回外面的湿气。

10 个小时后，鲜花的水气大部分排出，室温达到 55℃时，金银花迅速干燥，这时就要陆续减火，逐渐降低室内温度到

40℃以下,用手去触摸有握之顶手之感,也有响声,就是八九成干了,即可将花盘端出,晾干收藏。每次烘烤约 18 个小时。

无论采取何种方法,都要根据实际情况,既要低成本,又要高效益,还必须保证质量。近几年来的实践证明,大田生产经营者还是要以烘烤为主,因量大,不能一味靠天气晾晒。而烘烤法不受外界天气变化的影响,也容易掌握火候程度,成品率比自然晒干的要高,而且质量要好。据山东平邑县试测,烘烤法干燥后一等花率高达 95% 以上;自然晾晒的干花一等花率只有 23% 。因此,只要努力创造应具备的设施,采用烘烤法还是非常可取的。各地应予以提倡推广。

值得特别注意的还有三点:

1. 晾晒、烘干期间,花蕾未达到 8 成干以前,绝对不能用手或工具翻动。任意翻动就会使花针变黑,降低药的档次和质量。

2. 晾晒、烘干必须一次完成,中间不能停止。中间一停会导致花针发烧变质。

3. 当天采收当天晒干或烘干。如因种种原因来不及晒干或烘干,那就用硫簧熏软后摊放于室内,不易发霉变质,可保存一周时间。

三、杀青烘干法是目前推广应用前景最好的一种加工方法,它是使用一定的杀青机械如滚筒机,蒸汽机或微波设备,能使金银花花蕾瞬间高温受热,花中所含多酚氧化酶迅速失活,然后再快速烘干,使水分散失。这就极大缩短了干燥时间,避免了有效成分的损失,较好地保证了药材质量。

据资料介绍,杀青烘干金银花中绿原酸含量比晒干品高 12. 8% ,比阴干品高 24. 9% ,木犀草苷含量比晒干品高 17. 99% ,比阴干品高 54. 3% 。

不过,在加工量较小的情况下,使用蒸笼、沸水、炒制等简单的杀青方法也能保证药材质量。但对农户来说,最好还是使用烘干机械设备,简单,方便,种类多,价格不贵,较为实惠。特别是在紧张地采收加工时期,这一方法节约人力,不受天气影响,保证药材质量,总体看还是很划算的。

关于忍冬藤的采收加工,古书记载“十二月采,阴干。”实际上一年四季随时都可采用。一般来说,用鲜叶较佳,但市场上少有,因为难存放。忍冬藤的加工方法比较简便,只需要切成碎节晒干并保持干净就符合一般药材要求。

第三节 产量与质量

栽种金银花因其有广泛的用途所以就有多项产出。

第一位的最令人关心的是作为中药材的金银花花蕾的产量和质量,这是目前及今后比较现实的热卖点。一般来说,平常年份,中等土地肥力及管理等,亩产干花可达 100 公斤左右。如果各方面条件较好,再加之精心管理,产量会大幅度提高,亩产干花在 150 - 200 公斤之间。按目前国内市场上一般性质量的平均价 200 多元/公斤估算,亩产值为 40000 元左右。而投入成本最大值超不过总产值的二分之一。因此,从投入产出比率看无论如何,金银花栽种是有前途的。

第二、在金银花种植修剪整形过程中还有忍冬藤的药材产出,花卉苗木、树桩盆景材料的产出。一次栽种,30 多年受益,到了需要彻底更新改造时期,或者将老树旧桩作为盆景桩材出售,或者自己整形加工成树桩盆景出售,都会带来比较丰厚的经济效益和社会效益。据《农家致富顾问》杂志 2001 年 7 月份的一篇文章介绍,河北省馆陶县五二厢的王双茂,把已经种植了 8 年的金银花整枝造型后作为盆景出售,每株售价 60－80 元,被福州客商全部购走,每亩平均获利 1.8 万元。他高兴地说,种植金银花,既能卖药材,又能发花财,真可谓一举多得。

关于金银花药材成品的质量要求,国家医药管理局国药联材字(84)第 72 号文件有标准性规定。

一等,干货。花蕾呈棒状、肥壮,上粗下细,略弯曲。表面黄、白、青色。气清香,味甘微苦。开放花朵不超过 5%,无嫩蕾、黑头、枝叶、杂质、虫蛀、霉变。

二等:干货。花蕾呈棒状,花蕾较细,上粗下细,略弯曲。表面黄、白、青色。气清香,味甘微苦。开放花朵不超过 15%。黑头不超过 3%。无枝叶、杂质、虫蛀、霉变。

三等:干货。花蕾呈棒状,上粗下细,略弯曲,花蕾瘦小。外表黄、白、青色。气清香。味甘微苦。开放花朵不超过 25%,黑头不超过 5%,枝叶不超过 1%。无杂质、虫蛀、霉变。

四等:干货。花蕾或开放的花朵兼有。色泽不分,枝叶不超过 3%,无杂质、虫蛀、霉变。

按照以上等级对晒干的金银花进行筛选。

筛选办法:在生产实践中,无论是晒干或烘干的金银花,因花心均未完全干透,过几天就会自然回潮,所以必须再复晒一次。这次复晒后就要用风车进行风选,去掉叶片等杂质,

装置的办法:用麻袋、布包、席包或塑料编织袋打成结实的包件,存放室内。

存放时用木棒垫底 1 米高,底上撒一层石灰,以防浸潮变质,并定时熏仓,防止虫蛀。还要注意及时销售。存放时间过长,不仅药材质量下降,而且还容易发生虫蛀、变色甚至霉变现象,还有可能发生挥散走气、走油、失鲜、风化等一系列变质等问题。因此,久贮不利,不仅增加贮存成本,而且可能会引起药

材质量问题。尽快出售对花农来说比较有利。

尽管金银花市场广阔,但对具体生产经营者来说,市场必须自己去打开。除了全国各省市均有中药材销售市场外,还要了解掌握“国家级”的几个大型中药材市场的行情,很有必要跑到那里去看看,长知识,开眼界,建立销售渠道。

1. 大型的产区市场。以河北安国和安徽亳州为代表。这两个市场都有 1000 – 3000 个摊位的交易大厅,其中安国有数百个固定门店组成的街道,亳州则有数百固定门店组成的交易市场,分别被誉为“东方药城”和“中华药都”。

2. 中型的产区市场。以广西玉林、河南禹州、湖南廉桥和江西樟树为代表的产区市场,都有悠久的历史。

3. 带有集散性质的市场。有成都荷花池、西安万寿路、兰州黄河市场等,尤其是成都、西安两个市场集散的作用更为明显。西南地区的药材在四川成都荷花池汇集流向全国。西安市万寿路则是西北地区药材流向全国的主要集散地。

4. 销区市场。以广州清平市场为代表。包括广东普宁市场。这两个市场都以参类以及金银花等贵重药材和南方药材为主,并面向港澳台地区,有较大的出口交易量。

除此而外,花农还应主动与一些大型中药制药厂联系,力争定向生产供应。全国以生产清热解毒消炎等中成药的国药制药厂每年需要的金银花量都很大,如能与他们签订生产销售协议,就解决了生产的后顾之忧,对双方都是有利的。

野生金银花的质量要求分为二等。

一等无枝叶,二等的枝叶不超过 15% 。但均为干货,花蕾、花朵不分,呈深黄或黄褐色,无杂质,无虫蛀和霉变。

忍冬藤的质量要求:干货,枝条均匀,外皮枣红色,质嫩,带叶,无杂质和霉变。

附录 后记

附录一

金银花名称考订

金银花(《履巉岩本草》)
忍冬花(《新修本草》)
老翁须(《苏沈良方》)
银　花(《温病条辨》)
山银花(《安徽》)
鹭鸶花(《植物名实图考》)
金　花(《江苏省植物药材志》)
金藤花(《河北药材》)
双　花(《中药材手册》)
二苞花(《浙江民间草药》)
双苞花(《中药志》)
苏　花(《药材资料汇编》)
茶叶花(《北方常用中草药手册》)
双宝花、类子银花(《中药材品种论述》)
两宝花(上海、江西)
怀银花、怀密、密二花、山二花(河南)
二双、二宝、开口花(湖南)
小金银花、小山花(广西)
红金银花(山东)
二花(《陕西中药志》)
二宝花(《江苏验方草药选编》)

附录二

忍冬、忍冬藤名称考订

忍冬(《名医别条》)

异名:五里香(《曲洧旧闻》)

密桶草(湖南)

四时香(台湾)

忍冬藤(《本草经集注》)

金钗股(《苏沈良方》)

大薜荔(《苏沈良方》)

水杨藤(《苏沈良方》)

千金藤(《苏沈良方》)

鸳鸯草(《墨庄漫录》)

忍寒草(《洪氏集验方》)

鹭鸶藤(《履风岩本草》)

忍冬草(《证治要决》)

左缠藤(《余居士选奇方》)

通灵草、密桶藤(《土宿本草》)

金银花藤(《丹溪心法》)

金银藤(《滇坤生意秘韫》)

金银花杆(《滇南本草》)

过冬藤(《本草药性大全》)

甜　藤(《本草述》)

左篆藤(《分类草药性》)

右旋藤(《贵州民间方药集》)

鸳鸯藤(中国药用植物志)

金花藤、银花藤(《药材学》)

二花秧、银花秧(《河南中药手册》)

子风藤、银藤(《浙江民间常用草药》)

双花藤(《中药材商品知识》)

两宝藤(上海,江西)

右转藤、二宝藤(四川)

二花藤(湖北)

二色花藤(上海)

小叶银花藤(广西)

附录三

历代金银花研究书目备考

东晋·葛洪 《肘后备急方》:“忍冬茎叶锉数壶煮,主治寒热身肿症。”

南北朝·梁·陶弘景 《名医别条》、《本草经集注》:忍冬“处处有之,藤生,凌冬不凋,故名忍冬。”“忍冬,味甘温,无毒,列为上品,主治寒热身肿。”

唐·苏敬等 《新修本草》:忍冬“此草藤生,绕覆草木上,苗茎赤紫色,宿者有薄白皮膜之,其嫩茎有毛。叶似胡豆,亦上下有毛。花白蕊紫”。“今处处皆有,似藤生,凌冬不凋,故各忍冬。”“味甘,温,无毒。主寒热身肿。久服轻身,长年益寿。十二月采,阴干。”

唐·陈藏器 《本草拾遗》:“忍冬,主热毒血痢、小痢”。

北宋·王怀隐、陈昭遇等 《太平圣惠方》:“忍冬藤浓煎飲,用于热毒血痢。”

南宋·五介 《履巉岩本草》下卷:“鹭鸶藤,性温无毒,治筋骨疼痛,名金银花。”

南宋·陈自明 《外科精要》:用忍冬藤花治痈疽发背一切恶疮,“无花用苗叶嫩茎代之”。

宋·苏轼、沈括 《苏沈内翰良方》:忍冬“四月开花,极芬,香闻数步,初开白色,数日则变黄,每黄白相间,故名金银花。”“主治寒热身肿,可移根庭栏间,以备急”。

宋·掌禹锡等 《嘉祐补注神农本草》共20卷,记载药物

1082条。原书已佚，其部分内容，赖《证类本草》引录得以保存。“忍冬，亦可单用”。

宋·唐慎微 《证类本草》：“忍冬，味甘，温，无毒。主寒热身肿，外服轻身，长年益寿，十二月采，求难得者，是贵远贱近，庸人之情乎。”

“唐本注云：‘臣禹锡等谨按，《药性论》云，忍冬亦可单用。味辛。主治腹胀满，能止气下澼。’”

《肘后方》：“飞尸者，游走皮肤，穿脏腑，每发刺痛，变作天常。遁尸者，附骨入肉，攻凿血脉，每发不可得近，见尸丧闻哀哭便作。风尸者，淫跌四肢，不知痛之所在，每发昏恍，得风便作。沉尸者，缠骨传脏，冲心胁，每发绞切，遇寒冷发作。

尸注者，举身沉重，精神错杂，常觉昏废。每节气至，则辄致大恶。此一条别有治后熨也，忍冬茎叶，锉数斛，煮令浓，取汁煎之服如鸡子一枚，日二三服。”

元·危亦林 《世医得效方》，方书名，19卷，五世家传医方编写而成，多经验习用之方，亦用到金银花多方。

明·朱橚（周定王）、腾硕、齐醇等 《普济方》，共168卷，医学方书。疮疡门多用金银花方。

明·兰茂 《滇南本草》：“金银花，味苦，性寒，解诸疮；痈疽发背，无名肿毒，丹瘤，瘰疬。杆，能宽中下气，消痰，祛风热，清咽喉热痛。”“其‘杆’则藤也。”

明·刘文泰等 《本草品汇精要》，在“忍冬”条项下载有“左缠藤、金银花、鹭鸶藤”等，“茎、叶、花，可用”。

明·李时珍 《本草纲目》：“忍冬在处有之。附树延蔓，对节生叶，叶似薜荔而青，有涩毛。三、四月开花，长寸许，一蒂两花二瓣，一大一小，如半边状，长蕊。花初开者，蕊瓣俱白色，经二三日，则色变黄。新旧相参，黄白相映，故呼金银花，气甚芬芳。”

“茎叶皆药,功用皆同。”书中附金银花药酒方。

明·张介宾,号景岳 《景岳全书》,医书64卷,在蔓草部“中草正”中论述:“金银花,一名忍冬,味甘,气平,其性微寒。善于化毒,故治痈疽肿毒疮癣,杨梅风湿诸毒,诚为要药。毒未成者能散,毒已成者能溃,但其性缓,用须倍加。或用酒煮服,或捣汁攙酒顿饮或研烂拌酒厚敷。若治瘰痢,上部能气分诸毒,用一两许,时常煎服,极效。”

明·孙文胤 《丹台玉案》,6卷医书,其卷2介绍运用金银花治疗瘟疫内科杂病。

明·卢之牙颐 《本草乘雅半偈》10卷,散佚一半,故书籍定名为“半偈”。关于金银花药性及应用有所讨论。

明·李中立,郑重生 《本草原始》:忍冬金银花主治:“寒热身肿、久服轻身,长年益寿。治腹胀满,能止气下澼,热毒血痢,水痢。浓煎药服。治飞尸风击,一切湿气及诸肿毒痈疽疥癣、杨梅诸恶疮,散热解毒。”

四月采花,阴干。藤叶不拘时日采。

明·缪希雍 《神农本草经疏》:“忍冬,温,无毒。主寒热,身肿。久服轻身,长年益寿。疏:忍冬,即金银花,藤一名鹭鸶藤。”

“感土之冲气,禀天之春气,故味甘,微寒而无毒。主寒热身肿,久服轻身长年益寿者。甘能益血,甘能和平,微寒即生气也。气味如斯,所主宜矣。”

主治参互:同甘菊花、紫花地丁、夏枯草、白及、白蔹、贝母、连翘、鼠粘子,治一切肿毒;加辟虺雷,治一切疔疮。君地榆、芍药、黄连、甘草、升麻,治一切血痢。单味熬膏,小儿服之可稀痘。

《肘后方》:忍冬藤熬膏,治飞尸、伏尸、遁尸、沉尸、风尸、尸疰。

清·丁晓臣 《奇效简便良方》，简称《奇效良方》，共四卷，汇集简便验方，治疗痧症霍乱、便淋泻痢。

清·吴其浚 《植物名实图考》38卷，对金银花植物的形色、性味、用途等叙述较详，绘图较逼真，该书第一次提到金银花入茶饮之："吴中暑月，以花入茶饮之，茶肆以新贩到金银花为贵。"

清·汪昂 《本草备要》："金银花，泻热解毒。花叶同功，花香尤佳。""甘寒入肺，散热、解毒、疗风，养血止渴。""经冬不凋，一名忍冬。"

清·帝玛尔·丹增彭措 《晶珠本草》藏学著作，藏音《吉美协称》实收金银花等药物1220种，论述茎、叶、花、果。

"金银忍冬果治心脏病。果实紫红色，味甘，功效清宿热。金银忍冬，清心热，并且治疗妇女病。"

"西藏忍冬果治肺门病，忍冬为高地低地处处生长的一种灌木，树杆低小，白色，叶细小，花小，果实成熟后红色，状如珊瑚，大小如豆，皮薄欲穿，枝条很柔软，钟保人用来作牛鼻圈的，即是本品。"

清·汪绂 《医林纂要探源》，辑于1758年。综合性医书，17卷，是有关金银花的药性与处方。

清·吴仪洛 《本草从新》，18卷，重新修订并补充了一些《本草纲目》所收载的包括金银花的药物，故名《本草从新》。

清·张璐 《本经逢源》："金银花芳香而甘，主下痢脓血，为内外痈疽肿之药。解毒去脓，泻中有补，痈疽溃后之圣药。"

清·严洁、施雯、洪炜 《得配本草》10卷

"忍冬藤花，一名金银藤，伏硫，制汞，甘，平、微寒。去风火，除气胀，解热痢，消肿毒。"

民国时期·丁福保著 《中药浅说》，该书曾于1930年出

版,2008 年 3 月由福建科技出版社作为‘十一五’国家重点图书出版规划项目再次出版。

“忍冬应用,叶及茎为清热、驱霉、利尿药,内服于关节痛、霉毒、淋疾、诸疮等,又治腸卡他儿。一回之用量为 2 至 4 克。花名金银花,应用及用量俱同药。”

现代·郭成源、谷守浩 《金银花高产栽培技术》,“较全面,详尽地介绍了我国目前金银花各栽培环境的生产技术”,作为“特种经济植物栽培实用技术丛书”而出版,山东科技出版社,1999 年版。

现代·姜会飞主编 《金银花》,中国中医药出版社,2001 年 1 月第 1 版。本书是作为“药用动植物种养加工技术”而出版的丛书之一,对金银花的种植、加工利用现状、品种及生物学特性、栽培及管理技术、疾病防治及市场行情及发展趋势等内容进行了系统介绍,国家中医药管理局予以重视:“希望这套丛书能成为广大中药科技工作者、中药产业从业人员和农民朋友的良师益友”。

现代·刘嘉坤、尹传贵主编 《金银花研究应用新进展》:“我们依据‘首届中国金银花节暨金银花高峰论坛文集’‘第二届中国(临沂)金银花节暨金银花高峰论坛’资料,结合查询的 500 余篇最新金银花研究文献,经过归纳整理,编写了本书。”

“本书共分 16 章,包括:《中国药典》中金银花植物来源收载情况的变化,历代本草中金银花植物来源的变迁,全国金银花种植状况,金银花优良品种的选育,金银花加工方法的研究,金银花在临床医疗中的应用、金银花中绿原酸的提取与纯化、金银花在其他领域中的应用、金银花发展中存在的问题与对策、金银花产业发展展望等,全面介绍了金银花研究应用的最新进展。”

附录四

参考文献

1. **李时珍**:《本草纲目》,沈阳出版社,1997年。

2. **姚宗凡、黄英姿**:《常用中药种植技术》,金盾出版社,1993年。

3. **刘守明、储农**:《家庭种花养生》,上海科技文献出版社,2000年。

4. **周百宜、黄天本**:《现代家庭养花与长寿》,江西科技出版社,1999年。

5. **金波等**:《名花栽培与鉴赏》,科学普及出版社,1999年。

6. **秋仙子**:《图说养花与花疗》,四川人民出版社,2000年。

7. **顾雪梁主编**:《中外花语花趣辞典》,浙江出版社,2000年。

8. **张秀成**:《现代实用抗癌中药》,北京科技出版社,1999年。

9. **恩格斯**:《自然辩证法》,人民出版社,1959年。

10. **姜会飞主编**:《金银花》,中国中医药出版社,2001年。

11. 《保健花卉》,中国劳动社会保障出版社,2000年。

12. **郭成源、谷守诰**:《金银花高产栽培技术》,山东科技出版社,1999年。

13. **熊济华、唐岱**:《藤本花卉》,中国林业出版社,2000年。

14. **马其文**:《盆景制作与养护》,金盾出版社,2000年修订版。

15. **陈显修、陈远刚**:《盆景制作与养护问答》,中国林业出版社,1996 年。

16.《名特优新药材栽培技术》,中国劳动社会保障出版社,2000 年。

17.《中药学讲义》,人民卫生出版社,1960 年。

18.《百花疗法》,中原农民出版社,2002 年 8 月。

19. 覃建耀:《健康之友》,2003 年 4 月 3 日。

20. 邹节明、张家铨:《中成药的药理与应用》复旦大学出版社,2003 年 2 月。

21. 党毅等:《中药保健食品研制与开发》人民卫生出版,2002 年。

22. 李浩、马丙祥:《中华药膳防治癌症》科技文献出版社,2002 年。

23. 趙朝辉:《花气养生》广东经济出版社,2000 年 9 月。

24. 华海清:《现代养生保健中药辞典》,人民卫生出版社,2002 年。

25.《食品与健康》杂志,2003 年 1 月,韩士奇:"养生治病的花粥"。

26. 陈璋等:《物业园艺》,福建出版社,2000 年。

27. 毛春英:《园林植物栽培技术》,中国林业出版社 1998 年 3 月。

28. 刘绍贵、廖建萍:《中草药中成药选用指南》,中南大学出版社,2011 年 10 月。

29. 刘嘉坤、尹传贵:《金银花研究应用新进展》,人民卫生出版社,2012 年 11 月。

30. 马有度:《感悟中医》,人民卫生出版社,2009 年 7 月。

31. 程超寰:《本草释名考订》,中国中医药出版社,2013 年 7 月。

32.《中药大辞典》,上海科技出版社,1985 年 10 月。

后 记

20 世纪 90 年代的中后期，我到日本公干，驻了三四年光景，看到这个国家政治上乱哄哄，党派间争权夺利，你方唱罢我方吟；经济上泡沫破裂正在紧缩。唯独令我欣赏的是日本国度环境优美，城乡四野植被郁郁葱葱，四季鲜花盛开。

回国后恰逢我国西部大开发的号角吹响，**“再造一个山川秀美大西北”**的梦想让我激动不已，故而就顺其自然地干起了绿化荒山美化家园的营生。

我在大秦岭翠华山有幸发现、认知了金银花，从此就和她结下了不解之缘。之后我还发现，每年严冬早春季节，远山雪还在，深沟冰未消，百草枯黄，万木萧萧，唯独山坡上的金银花已经忍过严寒，吐绿萌发，给寂静的荒山带来一片生机。一年又一年的观赏这片翠绿景象，使我感悟到古人最早将金银花命名为忍冬的深刻含义。正如余一的小说《忍冬藤》书名题解云：**“似忍冬藤的隐忍，爱情忍过寒冬，迎来长满青藤的时节”**。人的一生莫不如此也。这也正如中国工程院院士、中国中医科学院院长、天津中医药大学校长张伯礼先生在《金银花研究应用新进展》书序中所感叹的那样：**“2009 年 5 月，受科技部委托，我实际考察了山东临沂金银花生产基地，漫山遍野的金银花，赖老天浇水，靠百鸟施肥，然而在艰苦环境中，金银花生机盎然，茁壮成长，维叶萋莫，夭之沃沃。站在山头，触景生情，令人感叹，思绪万千。真是恶劣的环境催生了优良的道地药材，而人才的成长也不是如此吗?”**

对金银花情有独钟的还有钟芳、渝兵和马有度等几位，他们的佳作，我拜读后至为珍爱，故全文收录，为本书增色，为金银花添彩。盼能联系上你们，一则请予赐教，进而交流合作；二则深切酬谢，敬祝轻身安康。

本书在编著、修改过程中，参阅了大量文献资料，基本上都列明了出处，尚有疏误部分，请读者予以指正。谨在此向所有作者表示真诚的谢意。

书写完了，掩卷沉思，感悟人生，思念母亲、父亲，感恩姐姐、姐夫。**“谁言寸草心，报得三春晖”**。吟诗五言，以表感怀：

心　　迹

耄耋磨一书，乐哉亦辛苦。
探索草木心，人生“三不朽”。(注)

回顾岁月，幸福相伴。老伴给我腾出较为充裕的时间和空间让我完成写作，儿子为金银花拍照并设计封面，孙女和儿媳予以鼓励，远在海外的女儿也时有电话祝福。还有中学时期的同学吴淑霞，人虽久居天涯海角之海南三亚，却予以多方帮助。真乃如“忍冬”诗所云：“山盟不以风霜改，处处同心岁岁香”。

我所居住的同院邻居潘婵娟、牛金安、刘玲等，阅过初稿，提过建议，给予鼓励，支持出书，祝愿本书惠及普通百姓。最后，还要感谢高峰先生的精心编审。

胡玉峰

2014年1月6日

（710048　西安伍道什字南街32号）

注：《左传》：“太上有立德，其次有立功，其次有立言。虽久不废，此之谓不朽。”